茲曼分布、波耳模型、
莫夫穿隧效應、貝爾不等式⋯⋯
學理論的較量與傳承，
世紀精采呈現！

天蓉 著

量子奇點

學發展的黃金時代

Quantum
Singularity

20 世紀以來物理學革命大事記

歷久不衰的量子力學重要論戰

物理學家大放異彩
寫下人類科學史上光輝燦爛的一頁

科普作家張天蓉
再次重磅出擊，
帶你一窺當今所有科技
文明發展的起源！

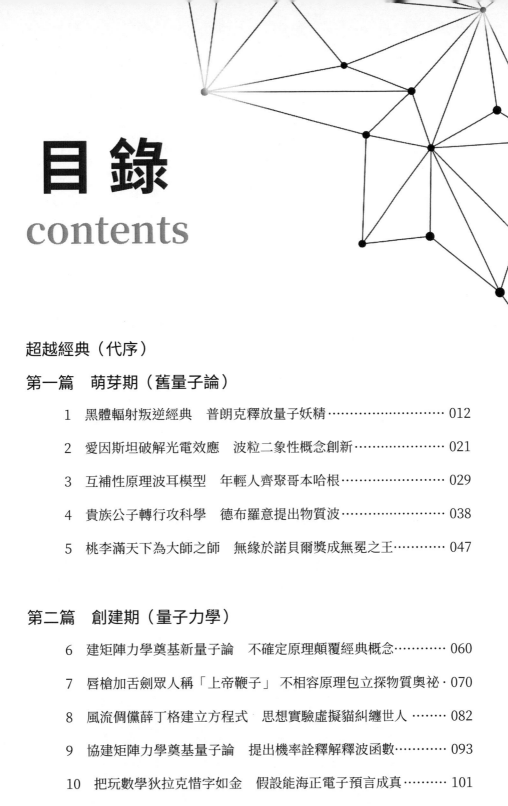

目 錄
contents

目錄

　　如今，人們經常提到量子，量子到底是什麼呢？有人說：「量子不就是電子、光子什麼的，很小很小的粒子嗎？」這句話不全然對：量子不是任何粒子，但的確和「很小」有關！

　　一般來說，量子不是實物，而只是一種理論，一種說法，一種概念。固然，歷史上也用過「光量子」一詞，但實際上它就是光子。所以，一般不將「量子」看作粒子，而用它代表對量子力學、量子理論、量子現象等這些描述微觀世界之物理概念的一種泛稱。

　　量子一詞來源於拉丁語，原意是不可分割，指的是物理量的不連續性，象徵微觀粒子運動狀態的物理量只能採取某些分離的數值，也叫做被「量子化」。

　　可以用日常生活中的例子，如斜坡和樓梯，來比喻量子化。斜坡代表連續的高度變化，而樓梯則是「量子化」後的高度變化。

　　20 世紀初期的物理學，接連經歷了兩次革命 —— 相對論和量子力學。它們在人類科學發展史上，寫下了濃墨重彩的一筆。相對論描述高速運動，量子力學描述微觀規律，這兩場革命突破了牛頓力學及馬克士威電磁場理論的經典觀念，在許多方面改變了人類對大自然，對物質、時空、因果性等的基本認知，帶動了 20 世紀整個自然科學和技術的發展，為人類文明開闢了新紀元。

超越經典（代序）

　　然而，這兩次物理學革命有一個顯著不同的特點：相對論的建立幾乎是愛因斯坦一個人的功勞，或者加上其他幾個人的少量貢獻。而量子力學卻是群體的產物，它是當年最出色和最富熱情的一代物理學家們集體努力的成果，是由眾多耀眼的群星共同創建起來的豐碑。量子力學的建立及發展過程不愧為一個奇蹟，其歷時之久、人物之眾、概念之深、爭論之劇，都是科學史上前所未有的。

　　回顧當年量子力學創建的歷史，那是一段群星璀璨、人才輩出的年代。普朗克、愛因斯坦、波耳、德布羅意、玻恩、薛丁格、包立、海森堡、狄拉克、貝爾……一個個閃閃發光的名字！其中有開天闢地的老前輩，有思想深邃的大師，有初出茅廬的年輕學子，有奇思妙想的夢想家，也有埋頭苦幹的書呆子……

　　那一代物理人的共同特點中，最令人矚目的是他們的年齡。看看當年那一批爭奇鬥豔、光彩奪目的科學明星們吧，當他們對量子力學做出重要貢獻時，大多數是 20 ～ 30 歲的年齡。

　　愛因斯坦 1905 年提出光量子假說，26 歲。

　　波耳 1913 年提出原子結構理論，28 歲。

　　德布羅意 1923 年提出德布羅意波，31 歲。

　　海森堡 1925 年創立矩陣力學，24 歲；1927 年提出不確定性原理，26 歲。

　　還有更多的年輕人：包立 25 歲，狄拉克 23 歲，烏倫貝克 25 歲，古德斯米特 23 歲，約爾旦 23 歲……和他們比起來，36 歲的薛丁格，43 歲的玻恩，42 歲的普朗克，該算是叔叔們了。

　　因此，量子力學是一首少年英雄們譜成且奏響了 100 多年的宏偉交響曲！

　　當我們回望量子論的歷史，就像遠航的水手回望當年為他（或他的祖先）指點航道的一座座燈塔。燈塔上的燈光忽明忽暗。年輕的水手們一個個航行遠去，後方的燈塔越來越多，遠處燈塔的燈光顯得越來越黯淡，最後水手自己也變成了一盞燈，隱藏在歷史的燈海中……

　　漫漫百餘年，量子物理學跨越了一個又一個里程碑，成果斐然，而又百般不易，每前進一步似乎都舉步維艱。

　　量子力學的建立和發展分為幾個階段。起初 20 多年是萌芽階段，從經典物理碰到了與實驗不符合的困難，晴朗天空上出現小烏雲開始。1900 年，普朗克在經典框架下引進「量子化」的想法來解決黑體輻射問題，之後，愛因斯坦、波耳、索末菲等人繼承其方法，解決了許多諸如此類的問題。這段時間之學說被稱為「舊量子論」，象徵著尚未建立系統的理論，只是對經典物理的某種「修補」方法。這是本書第一篇所描述的人物和時間段。

　　德布羅意提出的物質波思想，大大啟發了物理學家們的靈感。海森堡一馬當先，和玻恩、約爾旦一起創建了矩陣力學；不久後，薛丁格波動方程式問世，並且被證明與海森堡等創建的矩陣力學是完全等效的；又過了幾年，英國物理學家狄拉克導出了將相對論和電子自旋包括在內的狄拉克方程式。因此，在不到 10 年的時間內，量子理論急速地創建和發展起來。有別於普朗克時代的舊量子論，人們將這一時期的理論稱為「新量子論」，也就是如今我們所說的量子力學。量子力學的創建是本書第二篇的主要內容。

　　如何解釋波粒二象性？如何詮釋波函數？玻恩提出的機率解釋，以及波耳的互補原理、海森堡的不確定性原理等，共同構成了當年物理學界主流的「哥本哈根詮釋」的理論基礎。但這種觀點卻遭到了愛因斯坦的強烈反對。本書第三篇便圍繞波耳和愛因斯坦的幾次論戰，介紹兩位

創始人對量子力學的不同觀點。玻愛之爭中誰也說服不了誰，直到愛因斯坦去世，甚至可以說延續到現在，物理大師們對量子力學的理解仍然未能統一。

狄拉克為了解決從他的方程式得到的負能量態問題，提出了狄拉克海的假設，從而預言了正電子以及更進一步其他反粒子的存在。之後，這些粒子逐一被實驗所證實，狄拉克的假設也成為量子電動力學和量子場論的基礎。量子場論後來被擴展應用到兩個不同的方向 —— 粒子物理和固體（凝聚體）物理。

當年彼此激烈論戰的愛因斯坦和波耳兩位大師雖然都早已駕鶴西去，但物理學界對量子力學基礎理論的研究及詮釋問題的思考從未停止。玻姆於 1952 年發展了德布羅意的導波概念，提出隱變數理論，之後啟發約翰‧貝爾於 1964 年導出了著名的貝爾不等式，將愛因斯坦對量子力學的質疑，與波耳的分歧，變成一個可以在實驗室中驗證的實驗問題。如今，又是 50 多年過去了，貝爾不等式的實驗進行得如何呢？得出了怎樣的結論？我們在第四篇中將探討某些實驗問題，並且也同時對量子力學所引發的一些哲學思考，以及啟發數學家們進行的工作，做一個總結性的描述。

在回顧歷史，為量子英雄們畫像、樹碑立傳的過程中，讀者不僅可以了解到量子力學誕生和發展的來龍去脈，也能學到量子力學的基本概念和知識。更重要的是，從眾多科學家們創建和發展量子力學的思考過程中，體會科學精神，明白科學方法，同時了解科學研究之艱辛，學會像物理學家們一樣思考，跟物理學家們一起享受成功的樂趣。

量子力學發展的百年歷程中，還伴隨著兩次世界大戰。特別是第二次世界大戰中，許多猶太裔科學家包括愛因斯坦在內，都受到納粹的迫害。在艱苦的學術生涯中他們還飽受戰亂之苦，許多人被迫遠走他鄉、

流離失所。他們不僅親歷了物理學的這場偉大革命，也切身體會到人類社會的災難，見證了幾十年歷史的滄桑。此外，又正是這一代科學家們創建的量子力學和相對論，被應用到核子物理中，並促使美國啟動了曼哈頓計畫，成功造出原子彈，勝利結束了戰爭。

最後，在附錄中總結了一下量子力學 100 多年中的大事記。

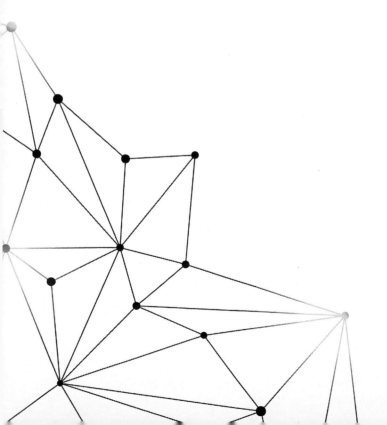

第一篇　萌芽期（舊量子論）

　　1900 年，普朗克撥動了晴朗的物理天空上的一朵小烏雲，將「量子化」的想法引入了物理學，之後被愛因斯坦、波耳、索末菲等人繼承，此方法歷經 20 餘年，解決了許多實際問題。這是對經典物理的量子「修補」，後人稱之為「舊量子論」。當年，物理概念尚未完善，數學理論有待建立，但卻開始了思想上的一場革命……

1　黑體輻射叛逆經典　普朗克釋放量子妖精

● 1.1　量子學之父，已垂垂老矣

1946 年夏天的英國劍橋，彎彎曲曲的康河兩岸，既有壯觀的哥德式建築，又有柳綠草青的田園風光。一位老者，步履蹣跚地徘徊於一條田間小路，若有所思，若有所憶，不經意間撞到一個正在玩耍的小男孩。

男孩金髮碧眼，看似八九歲的樣子，觀此身著西裝之老者：飽滿的前額，幾根稀疏的頭髮紋絲不亂地貼在光禿禿的腦袋上。眼鏡下透出的目光，雖沉穩卻顯無力，使男孩感覺他不似當地人，於是張口便問：「老爺爺是何方人士？」

老者見孩子聰明可愛，布滿皺紋的臉上浮起一絲難得的笑容，仿孩子的語氣答曰：「在下德國人普朗克也！」不料男孩眼睛一亮：「莫非是那位打開潘朵拉的盒子，放出了量子小妖精的馬克斯・普朗克？」

老者道：「正是敝人……」

孩子喜出望外：「啊，原來你就是前輩們常提起的量子之父！久仰久仰！」

男孩立即興奮地拉住老者不放，要聽他講量子妖精的故事……

剛才的對話是筆者杜撰的，但場景和年代卻是真實的。那年剛剛停止戰亂，大局方定。已經 88 歲的普朗克，撐著虛弱不堪的病體，從柏林來到英國，參加英國皇家學會舉辦的、因戰亂而推遲了 4 年的牛頓誕生300 週年紀念會。在所有與會科學家中，普朗克是唯一被邀請的德國人，這固然是基於他在科學界的崇高地位。

讓我們來回答男孩的疑問：普朗克何許人也？為何人們稱他為「量子之父」？他打開了什麼樣的潘朵拉的盒子？又放出了何種妖精？

田間漫步的普朗克，當年的確是到了行思坐憶的年齡，往事一樁樁浮上腦際……

這次來參加他畢生崇拜的物理學祖師爺牛頓之 300 年誕辰紀念會，他能不回憶自己「理解和質疑同在，保守與創新共存」的學術生涯嗎？皇家學會邀請的專家遍布世界各地，中國人中也有周培源、錢三強、何澤慧等物理天文量子高手被邀。當年的德國人中不乏有名的物理學家，紀念會卻獨請他一人。悲情偉人，以國以民為先！作為一個熱愛德意志的戰敗國國民，他是否會反思他那盲目的愛國情懷？他又怎能不緬懷自己坎坷磨難的一生呢？還有他破碎的家庭以及在兩次世界大戰中失去的親人。

況且，他來參加會議的目的之一，仍然是企圖於戰後重建德國科學界的地位……

馬克斯・普朗克（Max Planck, 1858-1947）出身於一個學術家庭，曾祖父和祖父都是神學教授，父親是法律教授。普朗克是他們這個大家庭中的第六個孩子，在德國北部之城基爾出生（圖 1-1、圖 1-2）。

圖 1-1　郵票上的普朗克

圖 1-2　馬克斯‧普朗克，幾十年的歲月滄桑

　　普朗克從小就是科學的信徒！牛頓的信徒！經典物理的信徒！雖然他從小有音樂天賦，唱歌彈琴都很在行，還曾經準備攻讀音樂，但最後仍然捨棄不了更為鍾愛的物理。

　　他的大學數學老師亦嘗勸之：棄物理，學別的！因為物理那兒已經有了牛頓和馬克士威之理論，經典物理學的大廈完美無缺，凡事皆有路可循、有道可通，似乎已經無題可究、無經可修了，剩下的只是打掃垃

圾、填補漏洞而已！

普朗克則淡然答之：「吾並非期待發現任何新大陸，僅望深入理解已存的物理學基礎，知足也。」

愛因斯坦於 1918 年 4 月在柏林物理學會舉辦的普朗克 60 歲生日慶祝會上發表演講日：「科學殿堂各式各樣人物多矣，或求智力快感者，或欲追名逐利者。普朗克卻非此兩類人士，純粹為虔誠物理之信徒，此吾所以深愛之也。」

1877 年，普朗克轉學到柏林洪堡大學，在著名物理學家亥姆霍茲和基爾霍夫、數學家卡爾‧魏爾施特拉斯門下學習。普朗克在學術上受益匪淺，但對他們的教學態度卻不以為然。例如，普朗克如此評論亥姆霍茲：「他讓學生覺得上課很無聊，因為不好好準備，講課時斷時續，計算時經常出現錯誤。」這些經驗，促使普朗克自己後來成為一名嚴肅認真、從不出錯的好老師。

1879 年，年僅 21 歲的普朗克獲得了慕尼黑大學的博士學位，論文題目是「論熱力學第二定律」。之後，在度過了相對平靜的十幾年教職生涯後，從 1894 年開始，普朗克被黑體輻射的問題困住了。

1.2 解黑體輻射，玩數學遊戲

什麼是黑體？什麼又是黑體輻射呢？

黑體可被比喻為一根黑黝黝的撥火棍，但黑體不一定「黑」，太陽也可被約略等同於黑體。在物理學的意義上，黑體指的是能夠吸收電磁波，卻不反射不折射的物體。雖然不反射不折射，黑體仍然有輻射。正是不同波長的輻射使「黑體」看起來呈現不同的顏色。例如，在火爐裡的撥火棍，隨著溫度逐漸升高，能變換出各種顏色：一開始變成暗紅

色，然後是更明亮的紅色，進而是亮眼的金黃色，再後來，還可能呈現出藍白色。為什麼撥火棍看起來有不同的顏色呢？因為它在不同溫度下輻射出不同波長的光波。換言之，黑體輻射的頻率是黑體溫度的函數。

物理學家追求的，不僅要知其然，還要知其所以然，所以「然」之後還有更深一層的「所以然」！那麼，如何從我們已知的物理理論，得到黑體輻射的頻率規律呢？那時候是 19 世紀末，已知的物理理論有經典的電磁學、牛頓力學，還有波茲曼的統計、熱力學等。

1893 年，德國物理學家威廉‧維因（Wilhelm Wien, 1864-1928），利用熱力學和電磁學理論證明了表達黑體輻射中電磁波譜密度的維因定律，見圖 1-3 中的藍色曲線。

約翰‧斯特拉特，人稱第三代瑞利男爵（John William Strutt, 3rd Baron Rayleigh, 1842-1919），基於經典電磁理論，加上統計力學，導出了一個瑞利 - 金斯公式，如圖 1-3 所示。

但兩個結果都不盡如人意：維因定律在高頻與黑體輻射實驗符合很好，低頻不行；瑞利 - 金斯公式適用於低頻，在高頻則趨向無窮大，引起所謂「紫外災變」。

普朗克一開始想到的，是使用簡單的數學技巧！既然有了實驗數據，便可以利用內插法，「造」出一個整個頻率範圍通用的數學公式來，將兩條不同的曲線融合成一條！反覆嘗試了幾年，他居然成功了，普朗克得到了一個（輻射波長 λ，溫度 T 時）完整描述黑體輻射譜 $R_0(\lambda, T)$ 的公式：

$$R_0(\lambda, T) = \frac{c}{\lambda^2} R_0(\nu, T) = \frac{C_2 \lambda^{-5}}{e^{C_1/\lambda T} - 1}$$

(1-1)

式中：c 是光速；C_1、C_2 是待定參數，在一定的參數選擇下，公式與黑體輻射實驗數據符合得很好，兩者都大致等同如圖 1-3 中的綠色曲線。

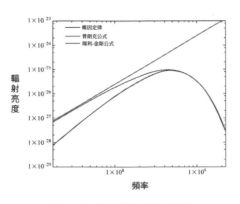

圖 1-3 解決黑體輻射問題

1.3 量子小妖精，開闢新天地

普朗克（圖 1-4）當然不會滿足這種內插法帶來的表面符合，他追求的是更深一層的「所以然」！研究物理多年的思維方法告訴他：新曲線與實驗如此吻合，背後一定有它目前不為人知的邏輯道理。他並不認為他正在敲擊一扇通往新天地的大門，而是虔誠地相信，自然界的規律是可知的，科學將引導人們解釋它。虔誠的科學信徒，只是虔誠地沿著科學指引的道路走下去，非功非利，如此而已！

圖 1-4 傳統物理學家普朗克

不過，他走著走著，時而興奮，又時而困惑。興奮的是他發現有一種物理解釋可以使他用理論推導出那條正確的曲線！真是太好了，不需要用實驗數據來進行那該死的「內插」，而是純粹從理論可以推導出一個與實驗一致的結果。

但是，這種物理解釋使他迷惑，因為需要將黑體空腔器壁上的原子諧振子的能量，還有這些諧振子與腔內電磁波交換的能量，都解釋成一份一份的。簡單地用現在的物理術語解釋，就是說黑體輻射的能量不是連續的，而是「量子化」的。

量子化理論產生的最後結果，使式（1-1）中的兩個參數 C_1、C_2，變換成了另外兩個參數 k 和 h。

其中的 k 是熟知的波茲曼常數，h 是什麼呢？這是一個前所未有的新常數，後人稱之為「普朗克常數」。

然後，與對待參數 C_1、C_2 類似的方法，普朗克用從量子化理論推導的公式，擬合當時頗為精確的黑體輻射實驗數據，得到 $h = 6.55 \times 10^{-34}$ J·s，波茲曼常數 $k = 1.346 \times 10^{-23}$ J/K，這兩個數值與現代值分別相差 1% 和 2.5%。基於 100 多年前的理論推導和測量技術，這兩個數值已經可以算是很精確了。

那年，1900 年，著名物理學家開爾文男爵發表了他的著名演講，提到物理學陽光燦爛的天空中漂浮著的「兩朵小烏雲」，黑體輻射是其中之一。

當時的普朗克對這個新常數，也就是普朗克常數 h 不甚了解。儘管不希望承認「量子化」能量的概念，42 歲的普朗克，天性平和保守，反對懷疑和冒險，但這次他面對一個兩難局面。他戰戰兢兢地抬頭望天，身邊放著他完成了的論文，就像是神話故事中潘朵拉的盒子！這裡面藏著的小妖精該不該放出來呢？也許它能解決經典物理中的某些問題，

驅除烏雲，恢復藍天！也許它將如同石頭縫裡蹦出的孫猴子，揮動金箍棒，將世界攪個地覆天翻？

　　普朗克不願意釋放一個怪物出來擾亂世界，但又不甘心將自己奮鬥了 6 年的科學成果束之高閣。妖精總是要出來的，天意不可違啊！最後，普朗克決定不惜任何代價孤注一擲。1900 年 12 月 14 日，普朗克在柏林科學院報告了他的黑體輻射研究成果，這個日子後來被定為量子力學之誕辰。從此之後，魔盒被打開，象徵著量子力學領域的這個妖精（h）就此誕生了 [1]。

　　其實當時，普朗克的報告尚未引起廣泛的注意，人們總是要花些時間去接受新的發現，科學家群體也不例外。但只有普朗克自己，被自己釋放出來的小妖精擾得誠惶誠恐、坐臥不安。他在提出了量子論之後的多年，竟然都在嘗試推翻自己的理論。世界應該是連續的啊，怎麼會像樓梯那樣一階一階地跳呢？萊布尼茲就說過，「自然界無跳躍」。普朗克也如此認為，因此，他總想不用量子化的假設也可以得到同樣的結果來解釋黑體輻射。妖怪放出來了，又想把它押回去關起來，談何容易！普朗克努力多年未果，最後只好承認妖精的存在，也對一般的科學質疑發表了幾句似是而非的話：

　　「要接受一個新的科學真理，並不用說服它的反對者，而是等到反對者們都相繼死去，新的一代從一開始便清楚地明白這一真理。」

　　普朗克常數 h 引出的量子故事還長著呢，我們暫且打住，回到量子之父其人。

● 1.4　悲情殉道者，晚年自唏噓

普朗克幸福的家庭，就像他的經典物理信仰一樣，在第二次世界大戰中崩塌。

普朗克的妻子於 1909 年去世，他的長子在戰場戰死，兩個女兒在戰爭期間死於難產。他的二兒子埃爾文，被捲入到刺殺希特勒的事件中，被納粹關進監獄。普朗克曾經上書希特勒，卻也未能救出他的兒子，其於 1945 年被處以絞刑。

在普朗克 87 歲那年，他位於柏林的家在一次空襲中被摧毀，他的藏書和許多研究成果都沒有了。

到劍橋參加牛頓誕生 300 週年紀念會後的第二年，普朗克在哥廷根逝世。

他的墓碑恐怕比誰的都要簡單：一塊長方形的石板，上方刻著 MAX PLANCK（圖 1-5）。

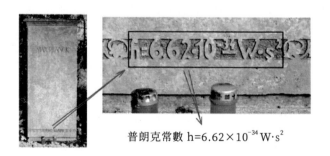

普朗克常數 $h = 6.62 \times 10^{-34} \mathrm{W \cdot s^2}$

圖 1-5　普朗克的墓碑

墓碑最底部粗看像花紋，細看才能發現，圖案中間刻著一串字：$h = 6.62 \times 10^{-34} \mathrm{W \cdot s^2}$。那是普朗克常數的近似值，普朗克為人類科學做出的最大貢獻，便是這個量子世界的小妖精！

2　愛因斯坦破解光電效應
波粒二象性概念創新

　　儘管普朗克的物理內功高強，名震學界，但他當年解決黑體輻射問題上籠罩的這片「小烏雲」時，畢竟已經是 42 歲的中年人。後來，他又不明不白地自我懷疑、奮鬥好幾年，企圖將釋放出來的量子小妖精壓回到經典物理的潘多拉盒子中去！這前後一折騰，普朗克就差不多快到「知天命」的年齡了。隨著年歲增加，普朗克的創新精神逐漸減少，但眼光仍然不凡，特別是一眼看中了後來鼎鼎有名的科學巨匠愛因斯坦。

2.1　大巧若拙、大智若愚

　　話說那年代，也有少數幾個年輕人，被普朗克放出的量子妖精引誘、迷惑，不聲不響地暗暗修煉「量子學」功夫，其中就包括在瑞士伯爾尼專利局做三級小職員的愛因斯坦。

　　阿爾伯特・愛因斯坦（Albert Einstein, 1879-1955）比普朗克小 21 歲，是在德國出生的猶太人。這孩子不像是一個早熟的天才，而是一個 3 歲才開始說話、令父母擔心、大器晚成的「奇葩」兒童。他讀中學時，從

事電機工程的商人父親曾經顯得有點憂鬱地詢問兒子的老師：「這個孩子將來該從事什麼職業好啊？」得到的回答是，什麼職業都可以，反正他不會有太大成就！

普朗克在柏林科學院做他的黑體輻射報告時，剛大學畢業的愛因斯坦正為了找工作而四處奔忙。愛因斯坦雖然從小就被老師認定了「沒多大出息」，但他並不自暴自棄，還深愛物理，立志從事科學研究工作！1900 年，愛因斯坦大學畢業時，已經在德國的權威雜誌《物理年鑑》上發表了研究毛細現象的學術論文，並且決定繼續攻讀物理博士學位，但因為他想申請當老師的助手而未被接受，所以為了餬口不得不先找個工作。

最後，在他的數學家朋友、大學同學馬塞爾・格羅斯曼的父親的幫助下，愛因斯坦成為瑞士專利局的一名小職員。

小職員的工作較輕鬆，使愛因斯坦有時間研究他喜愛的物理，並利用業餘時間攻讀完成了博士學位。

晚熟孩子的優點就是因為有自知之明而勤奮刻苦、持之以恆，不偷懶，不靠小聰明。就像學習武功一樣，有些所謂的「聰明人」，喜歡練習簡單招式並號稱幾遍就學會；而遲緩一點的，則能靠時間和刻苦來積累起深厚的內力，此乃真功夫也，愛因斯坦便屬於這一類！

● 2.2　解光電效應，一鳴便驚人

厚積薄發，一鳴驚人！愛因斯坦在他的奇蹟年 —— 1905 年，終於迸發出天才偉人的耀眼光輝。那一年，他接連發表了 4 篇論文，篇篇精彩，篇篇驚人，篇篇偉大，篇篇都是里程碑。

一解光電之效應，開繼量子天地；

二算布朗的運動，發展隨機統計；

三建狹義相對論，時空合為一體；

四立質能間關係，揭示深層原理。

下面說說與量子論有關的光電效應。1887 年，德國物理學家海因里希・赫茲發現，紫外線照到金屬電極上，會產生電火花，後人稱之為光電效應。

根據當時被物理學界接受的「光的電磁波理論」，光是連續的電磁波。因此，光電效應中產生的光電子的能量，應該與光波的強度有關。但是，在 1902 年，菲利普・萊納德做了一個非常重要的實驗。他首先利用真空管裡的光，在某種材料表面打出光電子，然後用一個非常簡單的電路來測量光電子的能量。從實驗結果，他驚奇地發現光電子的能量和光的強度毫無關係，只與頻率有關。

也就是說，與普朗克當初研究的黑體輻射問題有些類似，光電效應的實驗結果令物理學家們困惑。

不過，很快地，1905 年 6 月，愛因斯坦發表了他的重磅論文〈關於光的產生和轉化的一個啟示性的觀點〉，成功地解釋了光電效應 [2]（圖 2-1）。

圖 2-1　愛因斯坦（1905 年）及其光電效應方程式

愛因斯坦在這篇論文中，做了一個與普朗克解決黑體問題時類似的假設：假設電磁場能量本身就是量子化的，頻率為 v 的電磁場的能量的最小單位是 hv。這裡的 h，就是普朗克解決黑體輻射問題時使用的普朗克常數，愛因斯坦將這種一份一份的電磁能量稱為「光量子」，也就是後來被人們所說的「光子」。

利用愛因斯坦的光量子能量關係式，就很容易正確地解釋萊納德發現的光電效應規律了。在同一年，愛因斯坦又接連發表了他的另外 3 篇論文，其中一篇包括狹義相對論。

同為德國人的普朗克，當然注意到了這位物理界的年輕明星。不過，當時的普朗克仍然為自己釋放的量子妖精而耿耿於懷，他還在努力，試圖把量子化假設回歸於經典物理的框架中。所以，他最為推崇的是愛因斯坦的狹義相對論，而不是光電效應解釋。

並且，普朗克自己也對狹義相對論的完成做出了重要的貢獻。由於普朗克當時在物理界的影響力，相對論很快在德國得到認可。同時，普朗克也積極熱心地向各個大學和研究所推薦愛因斯坦，以幫助他得到一份教職。他將愛因斯坦稱為「20 世紀的哥白尼」。

對愛因斯坦的光量子假說，普朗克則持那麼一點點反對態度，因為他並不準備放棄馬克士威的電動力學，他頑固地堅信光是連續的波動，不是一顆一顆的粒子。普朗克如此駁斥愛因斯坦：

「君之光量子一說，使物理學理論倒退了非數十年，而是數百年矣！惠更斯早已提出光為連續波動而非牛頓所言之微粒也！」

愛因斯坦的經歷，也許能給我們一點啟發：何謂天賦？需要謹慎定義之。表面看起來不言不語、發育遲緩的「笨」孩子，也許是個隱藏的天才哦！可謂「大音希聲，大象無形」也。況且，人生一世成功與否，在於「六分努力，三分天賦，一分還靠貴人來相助」。

2.3　機遇加天賦，貴人來相助

幫助愛因斯坦的貴人中，除了他的那位幫他找工作的數學家朋友格羅斯曼外，普朗克也算一個。格羅斯曼後來將黎曼幾何介紹給愛因斯坦，為他建立廣義相對論起了關鍵的作用；普朗克則是少數幾個首先發現狹義相對論重要性的人之一。

當時，有一個叫歐內斯特・索爾維的比利時企業家，欲在布魯塞爾創辦一個學會。1911 年秋天，普朗克和能斯特等鼓勵他透過邀請各個科學家舉辦了第一屆國際物理學會議，即第一次索爾維會議（圖 2-2）。會議主席為德高望重的荷蘭物理學家勞侖茲。主題則定為「輻射與量子」，專論剛剛登臺的量子力學之方法與理論。

這也算是量子物理之第一次武林大會，雖不似 16 年後（1927 年）的第五次索爾維會議的陣容那麼壯觀強大，卻也有經典物理派的眾多高手雲集，且是討論量子問題的開天闢地第一回，其意義不可小覷。

兩位量子理論創建者，偏保守的普朗克和當時代表革命派的愛因斯坦，分別站立於後排左右兩邊上第二的位置，普朗克深邃的目光沉穩而固執，愛因斯坦的身子則隨意地微微前傾，好像是正在注意著坐在前排中間的瑪里・居禮和龐加萊：他們在討論什麼呢？不應該是量子吧，是相對論？還是質能關係？

圖 2-2　第一次索爾維會議（1911 年）

坐者（從左至右）：沃爾特・能斯特、馬塞爾・布里淵、歐內斯特・索爾維、亨德里克・勞侖茲、埃米爾・沃伯格、讓・佩蘭、威廉・維因、瑪里・居禮、亨利・龐加萊；站者（從左至右）：羅伯特・古德斯米特、馬克斯・普朗克、海因里希・魯本斯、阿諾・索末菲、弗雷德里克・林德曼、莫里斯・德布羅意、馬丁・克努森、弗里德里希・哈澤內爾、豪斯特萊、愛德華・赫爾岑、詹姆斯・金斯、歐內斯特・拉塞福、海克・卡末林・昂內斯、阿爾伯特・愛因斯坦、保羅・朗之萬

　　會議中與普朗克的討論，使愛因斯坦十分滿意。在光量子等問題上，愛因斯坦終於基本上說服了普朗克。愛因斯坦也指出低溫下比熱容的不正常表現，是又一個無法用經典理論解釋的現象。經典理論的確需要新的、革命的觀念！也可能是因為保守的普朗克有了這位年輕人的支持，對自己開創的理論有了更多的信心，加之普朗克多年反對「量子化」卻又失敗了的努力，使他在潛意識中不得不承認，他發現的這個常數 h，其值雖小，內力卻深厚無比。這個小妖精在微觀世界中是真實存在的，不可能將它設成 0 而得到與實驗事實符合的結果！

　　因此，兩位量子先驅從此相談甚歡，結下了深厚的友誼。兩人對音樂的共同愛好也加深了他們之間的友情。此後，他們便經常召集其他幾位物理及音樂之同好，一起在普朗克家裡聚聚。在思考物理理論問題之

餘，一個彈鋼琴，一個拉小提琴，也有人哼歌，來場歡樂的音樂會，豈
非學術界人士生活中的一大美事也？

　　後來，普朗克成為柏林大學的校長，1913 年，愛因斯坦應普朗克之
邀，赴柏林擔任新成立的威廉皇帝物理研究所所長和柏林大學教授，同
年當選為普魯士科學院院士。從此，愛因斯坦有了一個穩定的發揮才能
的平臺。

▌ 2.4　預言雷射，貢獻不凡

　　如今人們提到愛因斯坦對量子理論所做的正面工作，大多只記得他
解釋了光電效應。然而實際上，愛因斯坦當年對量子力學所做的貢獻，
遠不止光電效應一項（圖 2-3）！他比普朗克更為深刻、更為早得多地意
識到量子化的重要性！看看愛因斯坦除了解釋光電效應之外對量子力學
的貢獻：

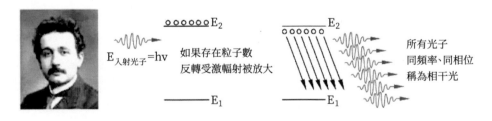

圖 2-3　1917 年的愛因斯坦和他提出的受激輻射示意

　　1906 年，用光量子假說解決了固體比熱理論，指出普朗克量子假說
的真實物理含義；

　　1906 年，指出普朗克黑體計算中的邏輯矛盾：既用能量量子化，又
使用連續經典電磁場方程式；

1909 年，提出光的波粒二象性思想；

1916 年，將普朗克輻射公式重新進行純量子推導，只利用光量子假設和波耳的定態躍遷假設；

1916 年，提出受激輻射理論，預言雷射；

1924 年，玻色 - 愛因斯坦統計；

1925 年，支持德布羅意物質波思想，促使薛丁格建立波動力學方程式；

……

然後就是後來站在量子論的對立面與波耳辯論，提出 EPR 悖論等，從反面及統一場論的角度推動量子理論的發展和完善。

3 互補性原理波耳模型
年輕人齊聚哥本哈根

　　物競天擇，斗轉星移，一個多世紀轉瞬而逝！開爾文男爵在著名演講中所言之「兩朵小烏雲」，已經導致了兩場偉大的物理學革命。其人其事俱往矣！然而，言談笑貌任評說，是非功過寫歷史。許多動人的故事，至今仍然被人們在茶餘飯後津津樂道。

　　兩場革命，即相對論和量子力學，故事雖然迥異，人物卻有重疊。兩個相對論中，狹義相對論尚可說有勞侖茲、龐加萊、普朗克等傑出人物的少許幫助和參與；廣義相對論則幾乎完全出自愛因斯坦一人之頭腦，可算愛因斯坦的「獨門功夫」。而量子力學大不一樣，是一個集體創作的巨著！在那幾十年裡，量子領域是一派「萬賢爭輝，群雄並起」的局面，各種人物不斷湧現出來，有傳承正統的名流，也有民間高手隱士。他們一個個皆有所成，或練就了絕世功夫，或發掘出武林祕笈。

　　諸位看官莫要心急，且容筆者慢慢道來。今之論者，乃量子力學中一名掌門人，尼爾斯・波耳（圖3-1）！

3.1　少年波耳愛踢球，觀見國王也較真

話說當普朗克膽顫心驚地揭開了潘多拉盒蓋之時，在與德國北部接壤的小國丹麥之首都哥本哈根，人們經常見到一位 15 歲左右的英俊少年，與小他兩歲的弟弟在一起（圖 3-2）。兩兄弟手足情深，或奔跑競賽在足球場上，或並肩散步於街頭巷尾。哥哥名叫尼爾斯·波耳，是我們這篇故事的主角，弟弟名為哈拉爾德·波耳，他們的父親克里斯蒂安·波耳，是哥本哈根大學一位頗有名望的生理學教授。

圖 3-1　尼爾斯·波耳

尼爾斯·波耳(右)和他的數學家弟弟(左)

圖 3-2　波耳兄弟

　　波耳真心喜愛和欣賞他的弟弟，兩人都是足球高手，但弟弟更勝一籌；兩人在學校都是優等生，但尼爾斯內向，哈拉爾德外向且表現更為聰明。弟弟文理皆通、能言善辯。相比較而言，波耳總覺得自己凡事都比弟弟慢一拍，並且不會說話，顯得笨嘴拙舌的。

　　長大之後，哈拉爾德也表現出他的絕頂才華，他成為頗為著名的足球運動員，是丹麥國家足球隊的成員，曾代表丹麥參加了 1908 年夏季奧運會的足球比賽。學術成就上，他專攻數學，比波耳更早得到碩士學位。

　　正是波耳自認的「笨嘴拙舌」，使他話不多，疑問卻多；不善舞文弄墨，卻凡事較真。如何較真法？幾件小事可見一斑。小學時上繪畫課，老師讓學生以「自家庭院」為題作畫。畫至一半時波耳說必須回家，問其何故，答曰，要回家去數數院中圍牆欄杆之數目矣！老師本想開導幾句，但知道此生認真執著之秉性，只好付之一笑放其回家也。

　　後來，波耳順其興趣專修物理。1912 年，波耳博士畢業後前往英國，原先要在諾貝爾獎得主湯姆森手下工作，卻因為他過於「較真」的個性，使得這份工作告吹。

　　據說波耳那天來到卡文迪許實驗室，一進門就「啪」一下地直接將兩份論文放在湯姆森面前：一份是自己的，一份是湯姆森的。波耳想讓湯姆森指導自己的論文，呈上湯姆森的論文呢，則是為了當面指出他文章中的若干錯誤之處！非常遺憾，湯姆森教授不習慣也不喜歡這種天真率直的學生，因此便久久未給波耳答覆，也不想認真閱讀他的論文。不過正好，另一位著名物理學家拉塞福（曾是湯姆森的學生）到劍橋大學做研究報告，湯姆森便順水推舟地把波耳介紹給了拉塞福。於是，波耳幾個月後轉赴曼徹斯特，並和拉塞福建立了長期的友誼和密切的合作關係。從此以後，波耳如魚得水，將研究興趣集中在了拉塞福的原子模

型上。

1916 年，波耳成為哥本哈根大學教授，得丹麥國王召見。國王表示，今日見到「吾國足壇名將」波耳，喜極樂極也！波耳一聽，知道國王錯把自己當成了弟弟哈拉爾德‧波耳，立即正其詞曰：

「惜哉，誤哉！陛下所言之人，乃臣弟哈拉爾德‧波耳也。」

王猶不悟，波耳則較真地警示之：「吾名尼爾斯‧波耳也！」

王亦復曰：「朕知之，爾乃吾國之名足球健將也！」

波耳屢警，丹麥王屢復，終使其王尷尬之甚，將召見迅速了結之。

3.2 原子模型是真經，對應互補皆哲學

劍橋的湯姆森和曼徹斯特的拉塞福，是師生關係，但各自都有自己假設的原子模型。湯姆森發現了電子，於是想出了一個葡萄乾布丁模型，將電子比為「葡萄乾」嵌於原子「布丁」中。並憑此他在 1906 年獲得諾貝爾物理學獎。後來，湯姆森的學生拉塞福，利用 α 粒子攻打原子，即著名的「α 粒子散射實驗」，證明了原子的正電荷和絕大部分質量，僅僅集中在一個很小的核心上，直接否定了湯姆森布丁模型，提出行星模型，由此而獲得了 1908 年的諾貝爾化學獎（圖 3-3）。

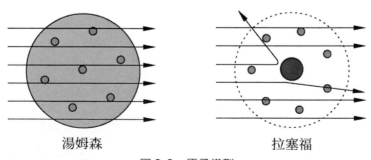

湯姆森　　　　　　　　　　　拉塞福

圖 3-3　原子模型

　　在拉塞福的影響下，波耳開始研究原子，為什麼呢？因為拉塞福的行星模型還有很多問題。根據經典電磁理論，在電子繞核回轉的過程中，會連續發射電磁波，因而，電子將連續不斷地損失能量，最後軌道縮小，電子很快就會掉落到原子核上。所以，行星模型是不穩定的！

　　這是當時原子物理學家面臨的難題。波耳在曼徹斯特停留了短短 4 個月後，回到丹麥時腦海中已經有了解決問題的模糊想法。因為他聽說了普朗克和愛因斯坦兩個德國人的研究，他們使用量子化理論解決了黑體輻射和光電效應的問題。當時物理學界對這個量子化假設還比較不看重，十幾年來響應不多。但是，波耳畢竟是波耳，是與眾不同的、思想開放的波耳！他那時不過 27 歲，雖然口才有點笨拙，但年輕氣盛、熱情滿懷，踢起足球來也能跑得飛快！況且，做物理研究又不需要文筆和口才，只需把足球場上的執拗發揮到科學研究上就行了。於是，波耳下定決心，把普朗克的量子假說推廣到原子內部的拉塞福模型上試試看！

　　皇天不負有心人，回丹麥後的第二年，1913 年，波耳將他的長篇論文〈論原子構造和分子構造〉分成 3 次發表，分別於 7 月、9 月和 11 月連續推出，這就是他的著名的「波耳原子模型」[3]。

　　波耳修正了原子的行星模型，將電子繞核做圓周運動的軌道「量子化」！也就是說，拉塞福模型中的電子軌道是連續可變的，電子可能運動在任何一個軌道上。而在波耳的原子圖像中，電子只能採取一些特定的可能軌道，離核越遠的軌道能量越高，但是，能量（軌道）不能任意取值，而是「一跳一跳」的，有一個限制，限制值（或稱跳躍值）又是與普朗克常數 h 有關。

　　這個量子化的軌道理論又如何解釋原子的穩定性呢？波耳說，當電子在這些可能的軌道上運動時原子不發射也不吸收能量，所以電子的能量不變，軌道半徑也不變，因而電子不會掉到原子核上！但是，波耳又

說，電子有可能從一個軌道 A 躍遷到（能量不同的）另一個軌道 B。如果軌道 A 的能量大於軌道 B 的能量，原子就會發射出一個光子；反之，原子就需要吸收一個光子。發射或吸收的光子的頻率 v，與兩個軌道間電子具有的能量差 E 有關，即 $E = hv$，這兒的 h 是普朗克常數。

波耳在他的友人漢森的建議下，將原子結構的研究，與當年光譜分析結果連繫起來。所以，波耳原子中的電子，除了可能的能量軌道外，電子的角動量也導致不同的軌道。不同軌道間的角動量差，必須是 $h/2\pi$ 的整數倍。換言之，波耳把原來普朗克和愛因斯坦只用於能量的量子化概念，也推廣到了角動量。因此，波耳的理論不僅說明了原子結構的穩定性，也成功地解釋了氫原子的光譜線規律。1921 年，波耳根據他的理論，結合光譜分析的新發展，解釋了元素週期表的形成，並對週期表上的第 72 號元素的性質做了預言。1922 年，基於波耳對原子結構理論的貢獻，他被授予諾貝爾物理學獎。

波耳將量子的概念引進到原子的軌道和角動量，是一個革命性的創新。雖然波耳模型仍然不是徹底的量子論，只是「半經典半量子」的，因為它仍然使用與量子論相衝突的經典軌道概念；但是，普朗克推導黑體輻射規律，以及愛因斯坦解釋光電效應，都只涉及物質以外的輻射和吸收，未解釋與物質結構有關的深層原因，這一步是由波耳的工作完成的。從此以後，物理學家認識到，自然界的一切，包括物質和能量，均由飛躍的、量子化的階梯構成。遵循這個概念，量子論有了進一步發展的堅實基礎。

除原子模型之外，波耳本人對量子論的貢獻，還有他提出的「對應原理」及「互補原理」等，它們對量子論思想的建立，特別是對量子力學的「哥本哈根詮釋」，起了一定的作用。但是這兩個原理在哲學上的意義或許超過其物理意義，所以在此不給予更多的介紹，感興趣的讀者

可搜尋相應的參考資料。

　　波耳對量子論的另一個重要貢獻，是他創建的哥本哈根研究所，以及眾多年輕物理學家們為量子理論做出的傑出貢獻。

3.3　量子詮釋成主流，哥本哈根掌門人

　　波耳於 1921 年創立的哥本哈根大學理論物理研究所（後來叫波耳研究所）（圖 3-4），在當年形成了著名的哥本哈根學派，在創立量子力學的過程中發揮了重要的作用。幾十年來，該研究所走出的科學家中，榮獲諾貝爾獎的就有 10 人以上。

圖 3-4　波耳研究所

　　無論將來量子物理如何發展，如何被詮釋，以波耳為領袖的哥本哈根學派在物理史上的地位不會被抹殺。借用前言中燈塔的比喻，當我們回望歷史時，看見指點我們量子航道的一座座燈塔，大多數燈塔上只有一盞燈，普朗克是第一盞，愛因斯坦是第二盞……唯有以波耳為主燈的那個燈塔上，聚集了好多盞燈！其中包括海森堡、狄拉克、包立等諾貝爾獎得主，甚至還有朗道這樣的巨擘級的物理學家，也曾經在那兒發過光！

　　哥本哈根學派對量子力學的哥本哈根詮釋，在很長一段時間內（基本上是整個 20 世紀）在物理學界都占據主流地位。即使是現在，各種詮釋爭相而起之時，哥本哈根詮釋也仍然具有一定的競爭力。

　　波耳研究所以其開放自由的學術氣氛為特徵，被人譽為「哥本哈根精神」（圖 3-5、圖 3-6），這種良好學術環境的形成，當然與波耳這個「掌門人」的人格魅力有關。波耳有一句名言，充分說明了他的為人。據說當別人問波耳如何能將這麼多年輕人團結到一起時，波耳說：「因為我不怕在年輕人面前承認自己知識的不足，不怕承認自己是傻瓜。」

波耳（左）和普朗克（右）　　　　　波耳（左）與朗道（右）在莫斯科大學（1961年）

圖 3-5　開放自由的波耳研究所

圖 3-6　約爾旦、包立、海森堡、波耳等人（從左往右）
在研究所全神貫注地聽報告（約 1930 年）

　　蘇聯科學家朗道，對波耳十分崇敬，這也多少說明一些問題。朗道

何許人也！他在物理界素來以驕傲自負著稱，他經常在辯論時口無遮攔、言辭犀利，但他卻敬愛波耳，公開場合時常提到自己是波耳的學生，雖然他在波耳研究所工作的總時間並不長。

何謂哥本哈根精神也？除了物理含義之外，它還代表了自由、平等、輕鬆隨便、不拘一格、熱烈而又和諧的討論氣氛。

某物理學家（弗里施）嘗憶 1930 年代在波耳研究所工作之見聞曰：

我花了一段時間才習慣了哥本哈根理論物理研究所的這些不拘禮節的行為。例如，一次討論會上，波耳與朗道熱烈辯論。我走進會場，看見朗道平躺於桌上，而波耳好像完全不在乎朗道之姿勢，只是根據他清晰而直接的思考能力做出對問題的判斷。

他們討論和實驗的問題也未見得都是物理問題，例如，波耳喜歡美國西部電影，經常與同行一起觀看。波耳提出了一個問題，為何在罪犯發起的槍戰中英雄總是獲勝？波耳也有一說來解釋：根據自由意志做出的決定總是會比無意識地做出的決定更費時，所以，罪犯的計畫行動不如自發反擊的英雄行動敏捷。波耳買了兩支玩具槍，試圖以科學方式檢驗該理論。最後，喬治‧伽莫夫（George Gamow）扮演罪犯，波耳扮演英雄，據說，「實驗」的結果充分驗證了波耳的理論。

筆者的老師惠勒，以前曾在波耳研究所做研究，他在一次訪談中說道：

……例如，早期的波耳研究所，樓房大小不及一家私人住宅，人員通常只有 5 個，但它卻不愧是當時物理學界的先驅，叱吒量子論壇一代風雲！在那裡，各種思想的新穎活躍，在古今研究中罕見。尤其是每天早晨的討論會，真知灼見發人深思，狂想謬誤貽笑大方；有嚴謹的學術報告，亦有熱烈的自由爭論。然而，所謂地位顯赫、名人威權、家長說教、門戶偏見，在那斗室之中，卻是沒有任何立足之處的。

4 貴族公子轉行攻科學
德布羅意提出物質波

　　我們之前介紹的 3 位量子力學創始人中，愛因斯坦出身於商人之家，其他兩位（普朗克和波耳）的父親都是教授。本節我們要講的，第 4 位量子傳承人，則是一位貨真價實的法國貴族。

◗ 4.1　布羅意家族，政治地位顯赫

　　路易・德布羅意（Louis de Broglie, 1892-1987）是著名的法國物理學家，也是第 7 代布羅意公爵。從他的「姓氏」中有個 de 就可以看出來他的貴族身分。法國貴族的姓，是 de 後面跟著封地的名字，在德布羅意這裡，封地名字則是「布羅意」。第 7 代的意思容易懂，不就是傳了 7 個家主嘛。的確如此，德布羅意的祖先是路易十四和路易十五時代的法國元帥，因此被封為布羅意公爵，接著便一代一代地世襲下去（圖 4-1）。

　　因此，德布羅意家族地位顯赫，名人眾多。自 17 世紀以來，這個家族的成員在法國軍隊、政治、外交方面頗具盛名，數百年來在戰場上和外交上為法國各朝國王服務。德布羅意的祖父（第 4 代）是法國著名評

論家、公共活動家和歷史學家，曾於 1871 年任法國駐英國大使，1873 至 1874 年任法國首相。

這樣一個外交和政治世家的後代中，如何蛻變出來路易・德布羅意這麼一位著名的物理學家呢？這還得從他的哥哥莫里斯・德布羅意（Maurice de Broglie）談起。

路易 14 歲時，父親就早逝了，由比他大 17 歲的哥哥莫里斯繼承了爵位。當然，莫里斯也同時繼承了對弟弟路易教育撫養的責任。他不負家族之望，將弟弟送進最好的貴族學校，希望弟弟能發揚光大祖輩的傳統，成為有名望的外交官或歷史學家。

第一代布羅意公爵、元帥　　　　　第七代布羅意公爵、物理學家
（1671 － 1745）　　　　　　　　　（1892 － 1987）

圖 4-1　布羅意公爵

不過，莫里斯的努力好像適得其反，應了那句話：身教重於言教！莫里斯自己就拓展了祖輩的事業，從 1904 年開始就一直進行物理研究。他從海軍軍官學校畢業後，在法國海軍服役了 9 年，逐漸對物理學產生了興趣，在法國軍艦上安裝了第一臺無線電設備。但是，當莫里斯向祖父布羅意公爵徵求「研究物理」的許可時，老人的回答使他沮喪和反感：

「科學是位老太太，滿足於吸引老人。」

最後，祖父逝世了，莫里斯走上了物理之路。他於 1908 年獲得物學博士學位，在朗之萬手下工作和學習。他對新的 X 射線科學感到興奮，並在巴黎建立了自己的私人實驗室，研究 X 射線。

莫里斯沒想到，受他的影響，他的弟弟也走上了科學道路。路易受到哥哥實驗室環境的薰陶，激發出對物理學的極大興趣，丟棄了他的歷史研究，轉而研究思考理論物理問題，並為其奮鬥終生而無悔。法國少了一名歷史學家，人類多了一位偉大的物理學家！

4.2　索爾維會議，法國學者眾多

實際上，路易・德布羅意在主修歷史的學生時代，就對科學產生了濃厚的興趣，主要得益於閱讀亨利・龐加萊（Henri Poincaré, 1854-1912）的著作《科學的生涯》和《科學與假設》等。

路易・德布羅意出生於以卓越的思想文化著稱，且崇尚科學藝術的法國。從 17 世紀開始，法國的物理及數學界，就是人才濟濟，群星璀璨：笛卡兒、帕斯卡、費馬、惠更斯……還有當年梅森創辦的「梅森學院」，是科學家們的聚會場所和資訊交流中心，也是後來被開明君王路易十四給予豐富贊助成立的「巴黎皇家科學院」的前身。

之前我們介紹過量子物理的首次「華山論劍」，即第一次索爾維會議，其中出席的 24 位學者中，有 6 位法國科學家，影響德布羅意（文中德布羅意即指路易・德布羅意）的龐加萊便在其中，是照片裡坐在中間與瑪里・居禮交談的那位。瑪里・居禮右邊，正在閱讀文獻的那位讓・佩蘭，是研究 X 射線、陰極射線和布朗運動的專家，他後來獲得了 1926 年的諾貝爾物理學獎，見圖 4-2。

圖4-2　第一次索爾維會議中的法國學者（1）

讓·佩蘭（左）、瑪里·居禮（中）和亨利·龐加萊（右）

　　這第一次的量子大會，對德布羅意的影響極大，主要是因為他的哥哥出席了這次會議並擔任會議的科學祕書 [圖4-3（b），莫里斯也是第二次、第三次索爾維會議的科學祕書]。因為這個原因，德布羅意有機會接觸到會議的許多相關文件，如愛因斯坦和普朗克有關量子化概念的文章等。

(a)　　　　　　　(b)　　　　　　　(c)

圖4-3　第一次索爾維會議中的法國學者（2）

（a）馬塞爾·布里淵；（b）莫里斯·德布羅意；（c）保羅·朗之萬

　　讀了龐加萊的著作，德布羅意對物理學和科學哲學產生了濃厚的興趣；他哥哥實驗室中對 X 射線的研究啟發了他對波和粒子的思考；第一次至第三次索爾維會議的文件中，有使用量子化概念對黑體輻射和光電效應的計算，有勞厄和布拉格分別做的 X 射線晶體衍射和反射強度的專題報告；有拉塞福做的有關〈原子結構〉的報告等，這些珍貴的文件，使德布羅意對物理學產生了極大的興趣，決心轉學自然科學。在第一次世界大戰期間，德布羅意在艾菲爾鐵塔上的軍用無線電報站服役。後來退伍後，他便跟隨朗之萬 [圖 4-3（c）] 攻讀物理學博士學位。

　　第一次索爾維會議中，還有一位法國物理學家，馬塞爾・布里淵（Marcel Brillouin，圖 4-3（a）），是後來研究晶體結構，以「布里淵區」知名的萊昂・布里淵（Léon Brillouin, 1889-1969）的父親。馬塞爾・布里淵曾經是朗之萬和讓・佩蘭的老師，因此德布羅意算是他的「徒孫」了。

　　馬塞爾・布里淵在 1919 至 1922 年，曾連續發表 3 篇論文，有關 1913 年波耳提出的原子模型定態軌道的理論。這幾篇文章對德布羅意形成物質波思想有很大幫助。

4.3　電子駐波模式，解釋波耳模型

　　波耳當然不在參加首屆索爾維會議的科學家之列，因為他在 1913 年才發表有關原子模型的論文，在 1911 年尚是一個無名小卒。即使後來的第二次至第四次索爾維會議，不知道什麼原因，也都沒有看到波耳的蹤影。在這一點上，比波耳小 7 歲的德布羅意，雖然未親自參加會議，但得益於哥哥，能夠近水樓臺先得月，早就開始思考「波和粒子」之類的深刻理論問題。

　　歷史本來就是交錯進行的，經緯交錯，許多事件互相糾纏影響，猶如一張縱橫交叉的大網。波耳提出原子模型時，為了符合實驗結果，他做了 3 條假設：定態假設、量子化定則、頻率規則。但是，波耳當年並未弄清楚這三大假設的理論基礎，他提出了電子軌道間的躍遷，也沒有清楚地解釋躍遷之機制，只是作為幾條硬性規定放在那兒，讓其他人去猜測思索。因此，波耳模型開始時不被物理學界所接受。湯姆森拒絕對其發表評論，拉塞福也不贊同，薛丁格則說，那是一種「糟透了的躍遷」。

　　但波耳模型畢竟解決了一些問題，那麼，應該如何解釋和改進波耳模型呢？許多物理學家仍然走在那條「半經典半量子」的道路上。例如，1916 年，德國的索末菲將圓軌道推廣為橢圓軌道，並引入相對論修正，提出了索末菲模型。法國的馬塞爾・布里淵，提出了一種解釋波耳定態軌道原子模型的理論。他設想原子核周圍的「以太」會因電子的運動激發出波，當電子軌道半徑與波長成一定關係時，這些波互相干涉形成環繞原子核的駐波，這種說法似乎可以解釋電子軌道的量子化，但是需要「以太」的參與，與愛因斯坦的狹義相對論相違背。

　　德布羅意聽到布里淵的見解，高興極了。他把以太的概念去掉，將波動性的來源直接賦予電子本身。也就是說，電子本來就具有波動性！德布羅意想，輻射本來是波動，普朗克和愛因斯坦卻賦予它們粒子性，那麼，原本以為是粒子的電子，為什麼不能也具有波動性呢？

　　如圖 4-4 所示，電子形成駐波的原子模型，很自然地解釋了電子軌道及角動量的量子化假設。此外，駐波當然不輻射能量，這是經典波動學說就有的結論。不過，德布羅意的假設解釋索末菲的橢圓軌道模型有點困難。此外，他當時關於電子波的想法，也只是文字上的說法，沒有導出嚴謹的動力學方程式，所以人們仍然認為美中不足。

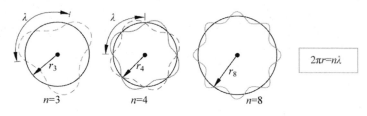

圖 4-4　原子中的駐波

4.4　物質波概念，影響廣泛深遠

經過幾年的努力，德布羅意在 1924 年完成了他的博士論文〈量子理論研究〉，較為詳細地解釋了他的有關電子波的理論[4]。

他認為，物質粒子與光，都具有波粒二象性。考慮動量和能量為 p、E 的粒子（或物體），它們也有波長 λ 和頻率 ν，表示為

$$\lambda = \frac{h}{p}; \quad \nu = \frac{E}{h}$$

(4-1)

式中，h 是普朗克常數。對粒子和光子，式（4-1）都成立。也就是說，粒子和光，都既是粒子又是波。式（4-1）即為物質波的德布羅意公式。

德布羅意想像力極其豐富，認為粒子也是波，稱之為物質波。德布羅意想像，這種物質波是具有普遍性的。一個巨大的物體，也會有相應的波長，不過這個波長接近於零，沒有實際意義而已。

對於德布羅意的物質波猜想，朗之萬等人覺得很是新穎，但也有些拿捏不定的感覺。1924 年 4 月，在第四次索爾維國際物理學會議上，朗之萬談到了德布羅意的工作。這引起了未參加會議的愛因斯坦的注意。後來，朗之萬將德布羅意的論文寄給愛因斯坦。這位偉人給予德布羅意

的大膽假設極高的評價：「我相信這是我們揭開物理學最難謎題的第一道曙光。」並將其論文推薦給玻恩和薛丁格等，這才有了後來的波動方程式及其機率詮釋之事。

實際上，德布羅意自己對波動性和粒子性等問題，在腦海中反覆思考已久，在論文答辯時，他已經有了深入的認知和充分的自信。因此，當讓‧佩蘭問道：「怎樣用實驗來證實你的理論呢？」

德布羅意胸有成竹地回答說：「用晶體對電子的衍射實驗是可以證實的！」

後來，實驗物理學家也緊跟著德布羅意的思想，找到了能夠支撐其假說的實驗結果：1926 年夏天，美國貝爾實驗室物理學家戴維森在實驗中發現電子衍射現象。緊接著，幾乎是同時，英國劍橋的湯姆森也觀察到電子束透過薄金箔時有圓環條紋產生，這兩個實驗為德布羅意波提供了堅實的基礎。由此，德布羅意獲得 1929 年的諾貝爾物理學獎，戴維森和湯姆森也分別獲得了 1933 年和 1937 年的諾貝爾物理學獎。

4.5　量子傳承人，看透人間煙火

德布羅意提出了物質波的偉大假說，但卻經常被不明真相的世人詬病，許多人都聽過有關這位花花公子或紈絝子弟的傳聞，但實際上這些謠言與德布羅意做學問的風格相去甚遠。還有傳聞德布羅意靠著「一頁紙」論文得到博士學位，更是無稽之談。網路上可以查到德布羅意博士論文的英文版，不是 1 頁，而是 81 頁。

1960 年，德布羅意的哥哥第 6 代布羅意公爵莫里斯‧德布羅意去世，路易‧德布羅意正式成為第 7 代布羅意公爵。公爵的世襲頭銜並未

使德布羅意的生活改變多少。他仍然是理論物理教授，仍然從事科學研究，對人彬彬有禮，絕不發脾氣，既是一位貴族紳士也是一位畢生兢兢業業的科學家。

路易·德布羅意從未結婚，一輩子單身。他交過女朋友，有兩位忠心耿耿的隨從。他喜歡過平俗簡樸的生活，賣掉了貴族世襲的豪華巨宅，選擇住在平民小屋。他深居簡出，從來不放假，是個標準的工作狂。他喜歡步行或搭公車，不曾擁有私人汽車。

1987 年 3 月 19 日，路易·德布羅意過世，享耆壽 95 歲。

5　桃李滿天下為大師之師
無緣於諾貝爾獎成無冕之王

　　量子力學之誕生與發展，在當年就已經產生了數十名諾貝爾獎得主。然而，讚賞之餘有遺憾，物理學界量子之林中，也有幾個光環沒有照到的死角。任何獎項都不可能是絕對公平的，多數人是實至名歸，但也有幾個被「漏獎」的大魚，令人扼腕嘆息！德國物理學家阿諾・索末菲（Arnold Sommerfeld, 1868-1951）就是典型的一位 [5]。

　　我們先來列舉一下，在本英雄傳中出場過的物理高手們（他們的出生年顯示於括號中）：

　　普朗克（1858）、維因（1864）、瑞利（1842）、愛因斯坦（1879）、波耳（1885）、湯姆森（1856）、拉塞福（1871）、朗道（1908）、瑪里・居禮（1867）、讓・佩蘭（1870）、龐加萊（1854）、朗之萬（1872）、路易・德布羅意（1892）、馬塞爾・布里淵（1854）。這些人中大多榮獲了諾貝爾獎的桂冠，圖 5-1 中將他們從左到右按照出生之年的順序排列起來。圖中也特別標示出索末菲對物理學的貢獻，以及他培養出的學生中的諾貝爾獎得主們。

5.1　攻流體力學，與湍流糾葛

　　如今的科學界，沒有人不知道「愛神」（愛因斯坦）的名字，但卻很少有人聽過索末菲的名字。不過，如果我們穿越歷史回到 1900 年左右，情況則是相反，那時的愛因斯坦只是個無名的專利局小職員，索末菲卻已經是浪跡物理江湖多年的大教授了。那年頭，普朗克前輩正在思索黑體輻射之時，索末菲則企圖攻克湍流的難題。

　　攻克湍流，談何容易！這個領域至今也仍然是一個未解之謎，被稱為「經典物理學尚未解決的最重要的難題」。

　　索末菲比普朗克晚出生 10 年，比愛因斯坦早出生 10 年。他們都是德國物理學家。索末菲出生於東普魯士的柯尼斯堡，據說那是理論物理的發源地，誕生了許多知名人物，如大哲學家康德、作家霍夫曼、大數學家希爾伯特、數學家哥德巴赫、愛因斯坦大力稱讚的數學家諾特等。甚至還有一個著名的「柯尼斯堡七橋問題」，也與該城市有關，大數學家歐拉因解決這個數學難題而創建了圖論。

　　柯尼斯堡當年是德國文化的中心之一，有一種特殊的博學和文化氛圍。柯尼斯堡如今屬於俄羅斯，叫加里寧格勒。索末菲誕生並成長於如此的「風水寶地」，得天獨厚，從小便沐浴於科學文化的陽光雨露中。索末菲在柯尼斯堡大學讀書時，講課的教授中更是數學大師雲集，名師們的栽培和點撥，使他受益匪淺。之後他到哥廷根大學，又幸運地當上了數學家克萊因的助手。克萊因是研究非歐幾何及群論之專家，在大眾心目中，以熟知的拓撲例子「克萊因瓶」而著名。

　　如此濃厚的學術氣氛，使索末菲的研究課題經常遊走於物理與數學之間。在當時的德國，起初實驗物理比理論物理更受重視，但後來，在這些精通數學的理論物理學家們（包括索末菲和玻恩）的努力下，形勢被翻轉過來。索末菲也因此而走上了在數學上極其困難的「湍流研究」之路。

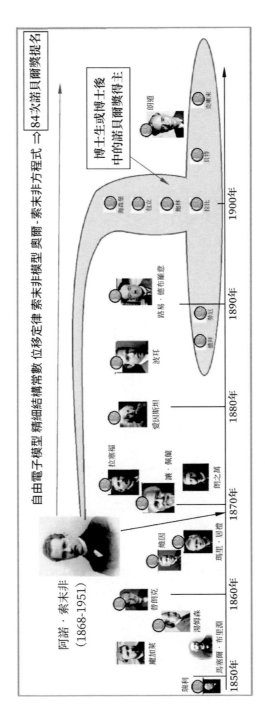

圖 5-1 索末菲與諾貝爾獎

　　索末菲對湍流相關的流體力學的最主要貢獻，是奧爾 - 索末菲方程式（Orr-Sommerfeld equation）。索末菲認為，湍流的發生機制可以轉化為一個穩定性分析問題。當流速高於某臨界值時，層流變成不穩定，微小的擾動下即會產生湍流。奧爾 - 索末菲方程式是一個微分方程式，透過解出方程式或者研究其特徵值等，可以作為判斷流體動力穩定性的條件。

　　然而，要解出這個方程式實在是太困難了！索末菲自己也萬萬沒想到，這個方程式，不僅後來困擾自己數年，也困擾著自己的學生，以及整個物理學界及數學界研究湍流的同行們多年。海森堡開始時一無所獲，後來憑直覺「猜」出答案，以及 20 年後林家翹一舉成功的生動故事等，此處不表。

　　索末菲對流體力學付出了幾十年的心血和精力，湍流問題成了他一生的難題，直到高齡時他仍經常耿耿於懷。20 世紀流體力學權威，錢學森、郭永懷等人的老師馮・卡門，在自傳中記錄了這樣一段往事：「索末菲，這位著名的德國理論物理學家，曾經告訴我，在他死前，他希望能夠理解兩種現象 —— 量子力學和湍流。」海森堡對這段話的說法則有點不同：「索末菲說過，見到上帝時我想問他兩個問題：為什麼會有相對論？為什麼會有湍流？」

　　不管哪種版本，困擾索末菲一生，企圖向上帝尋求答案的疑問中都包括了「湍流」一詞，可見這個難題是何等地讓他魂牽夢繞、刻骨銘心！

5.2 新原子模型，解釋光譜線

除了思考湍流之外，索末菲以其深厚的數學功底，對狹義相對論的數學基礎，以及電磁波在介質中的傳播等課題，也做出了重要的貢獻。

對本書的主題量子理論而言，索末菲也不愧為開山鼻祖之一。他本人的貢獻主要是改進了波耳的原子模型，發現了精細結構常數。

波耳 1913 年的原子模型，很好地解釋了氫原子光譜線的分布規律，但仍然存在不少問題。一是進一步的實驗結果發現，氫原子光譜線具有精細結構，原來的一條譜線實際上由好幾條譜線組成；二是不能成功地解釋除了氫原子之外的多電子的原子結構。

針對這些問題，索末菲在波耳原子模型的基礎上做了一些改進，建立了索末菲模型（圖 5-2）。索末菲的主要觀點是認為電子繞原子核運動的軌道不一定是正圓形，而是橢圓形。波耳模型中的圓形軌道對應於主量子數，而橢圓軌道的引入導致了另外的幾個量子數。為此，索末菲首先提出了第二量子數（角量子數）和第四量子數（自旋量子數）的概念。

因為這些額外量子數的引入，電子軌道的能階不僅與主量子數 n 有關，也與角量子數 l 以及自旋量子數 s 有關。自旋量子數是包立引入來解釋反常塞曼效應的。不過當時他使用的形式可能與索末菲使用的不太一樣。此外，還有一個第三量子數（磁量子數）m，是角量子數 l 在 Z 軸上的投影。它的作用表現在當原子受外磁場作用時的譜線分裂，即正常塞曼效應。其中 3 個量子數 n、l、m 都取整數值，互相有制約。角量子數不能超過主量子數，磁量子數不能超過角量子數。而自旋量子數 s，則只能取 1/2 和 -1/2 兩個值。

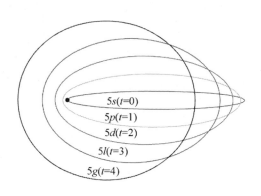

圖 5-2　索末菲原子模型

▍ 5.3　精細結構常數，意義非凡

　　磁量子數可以解釋正常塞曼效應，自旋量子數則可用於解釋反常塞曼效應。從索末菲的原子模型可知，不同角動量量子數的軌道之間的能階差正比於某個無量綱常數的平方。索末菲在解釋光譜的精細結構時引入了這個常數，即現在所說的「精細結構常數」。

　　引入精細結構常數後，原子模型中電子的運動速度和能階可以被表示成更為簡潔的形式。之後，理論物理的發展，例如量子電動力學、統一理論等，將精細結構常數賦予了更深刻的含義，在世人面前展示了它的奇妙內涵。這是當初發現它的索末菲也未曾預料到的結果。簡單地說，精細結構常數是電磁相互作用中電荷之間耦合強度的度量，象徵了電磁相互作用的強度。這個耦合常數的解讀被擴充到其他的 3 種基本相互作用。換言之，每種相互作用都對應一個耦合常數，其數值的大小象徵該相互作用的強度。例如：強相互作用的耦合常數約為 1，大約是電磁相互作用的精細結構常數（1/137）的 137 倍，此外，弱相互作用的耦合常數約為 10^{-13}，引力相互作用的耦合常數為 10^{-39}。從這幾個數值，大略

可知 4 種相互作用強度之比較。

精細結構常數 α，非常奇妙地將電荷 e、普朗克常數 h，以及光速 c 連繫在一起：

$$\alpha = \frac{e^2}{2\varepsilon_0 hc}$$

式中，ε_0 是真空電容率；e 是基本電荷；h 是普朗克常數；c 是光速。

這後面 3 個常數分別象徵現代物理中 3 個不同的理論：電動力學、量子力學和相對論。它們（e、h、c）組合在一起構成了一個無量綱的常數 α，即精細結構常數。有趣的問題是，常數 α 將這 3 個理論連繫在一起，有什麼深奧的武林祕訣藏於其中嗎？此外，常數 α 的數值約等於 1/137，這又是什麼意思呢？ 137 是個什麼數？這個謎一樣的數值多年來令物理學家們百思而不得其解，以至於關於它，物理學家費曼有一段十分有趣的話：

這個數字自 50 多年前發現以來一直是個謎。所有優秀的理論物理學家都將這個數貼在牆上，為它大傷腦筋……它是物理學中最大的謎之一，一個該死的謎：一個魔數來到我們身邊，可是沒人能理解它。你也許會說「上帝之手」寫下了這個數字，而我們不知道他是怎樣下的筆。

5.4　和藹的同事，優秀的教師

量子力學的建立和發展，是一大批物理學家前仆後繼、辛勤耕耘的結果。當年的量子物理學界，能夠在物理思想上被稱之為「學派」的，實際上只有波耳研究所的哥本哈根一家，其他的大師級別人物，有像普朗克、愛因斯坦那樣的單打獨鬥者，也有如法國的德布羅意、英國的狄

拉克等一類散兵游勇之將。這些人都是時分時合，難以成「派」。

　　不過，索末菲的慕尼黑大學和玻恩的哥廷根大學，雖然不像波耳的哥本哈根研究所那樣，代表了量子理論中的一種具有特色的詮釋，但也都有可觀的理論物理中心，培養出了許多優秀的年輕物理學家，為量子理論做出了傑出的貢獻。這三個地方，其功勞是不可抹殺的，成為量子力學發展過程中的「黃金三角」。圖 5-3 是索末菲和波耳的合影。

圖 5-3　索末菲（左）和波耳（右）

　　索末菲在慕尼黑大學任教 32 年，兼任物理學院主任一職，他與同事和學生們都相處融洽，是一位善於發掘人才的優秀教師，玻恩曾經說，索末菲的才能中包括對「天賦的發掘」，對此，愛因斯坦也曾經說：「我特別佩服你的是，你一跺腳，就有一大批才華橫溢的青年理論物理學家從地裡冒出來。」

　　連包立這樣尖刻的「上帝的鞭子」，終其一生都對他的老師索末菲「極度敬重」！據說只要索末菲走進他的屋子，包立就會立刻站起，甚至鞠躬行禮。他對索末菲如此謙恭的舉止，經常被習慣了被「鞭子」抽打

的弟子們傳為笑談。對此，有歷史記載為證。

其一，奧地利物理學家維克多·魏斯科普夫（Victor Weisskopf）在其自傳中有過很有趣的記述：

當索末菲來到蘇黎世訪問時，一切就都變成了「是，樞密顧問先生」……對於太經常成為他（指包立）霸氣犧牲品的我們來說，看到這樣一個規規矩矩、富有禮貌、恭恭敬敬的包立是一件很爽的事情。

其二，出於包立本人的文字。索末菲 70 歲生日臨近時，包立給索末菲寫了一封信：

您緊皺的眉頭總是讓我深感敬畏。自從 1918 年我第一次見到您以來，一個深藏的祕密無疑就是，為什麼只有您能成功地讓我感到敬畏。這個祕密毫無疑問是很多人都想從您那兒細細挖掘的，尤其是我後來的老闆，包括波耳先生。

索末菲是老派的德國教授，必定是十分注重禮儀的，也喜歡學生們在自己面前保持恭敬的禮節。但事實上，索末菲的威嚴中隱藏著和藹，可以想像在討論物理問題時，索末菲會把這些禮節都忘掉。正如麥可·埃克特（Michael Eckert）在他所作索末菲傳記中總結的：

普朗克是權威，愛因斯坦是天才，索末菲是老師。

索末菲受聘於慕尼黑大學的記錄中寫著，「像波茲曼、勞侖茲和維因這樣非常著名的理論物理學家」都支持索末菲，他被「描寫為一位和藹的同事和優秀的教師」。偉大而優秀的導師必定是謙和與博學共存的。索末菲喜歡用 nursery 來描述他自己領導的慕尼黑大學理論物理研究所。nursery 可翻譯成「苗圃」，這個詞語本身便充分表明了索末菲對他培育的學生們無盡的欣賞和關愛。我把這句話表述成，慕尼黑物理學院是培養「理論物理學家的搖籃」！不是嗎？算一算索末菲的 20 多個頗有成就的學生們就明白了。

5.5　諾貝爾獎，有緣無分

　　量子力學的發展基本上有 3 個階段：舊量子論、量子力學、量子場論。玻恩在 1924 年的一篇論文裡開始呼喚新量子論的出現。沒料到這個召喚還卓有成效，之後的兩三年裡，量子論迅速地蓬勃發展：德布羅意粒子波、海森堡矩陣力學、薛丁格波動力學、包立原理、狄拉克方程式等，共同結束了舊量子時代，開創了量子新理論，即量子力學，它吸引了無數年輕一代物理學家，也包括從索末菲的理論物理「搖籃」裡，陸續「長大成熟」的學生們。

　　新量子論逐漸顯示出它的巨大威力，薛丁格方程式應用於氫原子，原來的波耳 - 索末菲原子模型被薛丁格 - 玻恩電子雲理論代替。電子雲理論不僅完美地重現了原來模型的結論，並且原來尚存的缺陷與不足、原未解決的困難問題，也都全部迎刃而解！稍後，狄拉克又在相對論的基礎上，建立了描述高速運動微粒的相對論量子力學，成功地解釋了自旋問題，亦促進了量子場論的建立。

　　那是一個充滿傳奇、令人心潮澎湃的年代，物理新星不斷湧現，年輕人榮獲諾貝爾獎的故事司空見慣。索末菲桃李滿天下，作為導師的優秀成果纍纍。在他的正式博士生和其他受其影響的學生中，先後有七八個人獲得過諾貝爾獎，幾十人成為一流的教授，在自己的專業領域內做出了重要貢獻。

　　1914 年，碩士生勞厄獲諾貝爾物理學獎。

　　1932 年，博士生海森堡獲諾貝爾物理學獎。

　　1936 年，博士生德拜獲諾貝爾化學獎。

　　1944 年，碩士生拉比獲諾貝爾物理學獎。

　　1945 年，博士生包立獲諾貝爾物理學獎。

1954 年，碩士生鮑林獲諾貝爾化學獎。

1962 年，碩士生鮑林獲諾貝爾和平獎。

1967 年，博士生貝特獲諾貝爾物理學獎。

諾貝爾獎也沒有忽略像索末菲這樣的老前輩。在 1917 至 1951 年，索末菲一共獲得諾貝爾物理學獎提名 84 次，比其他任何物理學家都多。然而，也許畢竟是屬於舊量子論最後的守衛者，難以超越量子領域中年輕的革命創新派，加上幾次陰差陽錯，命運作怪，索末菲最後仍然與諾貝爾獎無緣，只能被學界譽為「大師之師，無冕之王」。

1951 年 4 月 26 日，82 歲的索末菲，與孫子外出散步時被車撞倒而意外去世，為世人留下無盡的遺憾。

第二篇　創建期（量子力學）

　　德布羅意提出物質波，啟發了年輕物理學家們的靈感。海森堡等創建了矩陣力學，薛丁格導出波動方程式，狄拉克方程式也脫穎而出。量子潮流洶湧澎湃，量子理論飛也似地創建和發展起來。人們將此階段稱為「新量子論」時期，這些在不到十年的時間內取得的豐碩成果，象徵著量子力學的誕生。

6　建矩陣力學奠基新量子論

不確定原理顛覆經典概念

　　1900 年，量子鼻祖普朗克在柏林科學院第一次報告他解決了黑體輻射問題，釋放出 h 這個量子妖精，從此開啟了量子的大門。就在第二年，在距離柏林 500 公里左右的另一個德國城市符茲堡，一名希臘語言學家奧古斯都・海森堡，迎來了他的第二個兒子，取名維爾納・海森堡（Werner Heisenberg, 1901-1976）（圖 6-1）。這位語言學教授怎麼也沒想到，這個出生時看起來極普通的男孩，20 多年後闖蕩量子江湖，成就了一番大事業，還榮獲了 1932 年的諾貝爾物理學獎！

圖 6-1　創建矩陣力學的海森堡

　　維爾納‧海森堡 9 歲時，全家人搬到了慕尼黑居住，又過了 9 年，海森堡進入慕尼黑大學攻讀物理，拜師於「大師之師」索末菲門下。後來，海森堡前往哥廷根大學，在玻恩和希爾伯特的指導下學習物理和數學。1923 年，海森堡完成博士論文〈關於流體流動的穩定和湍流〉並獲得博士學位，後被玻恩私人出資聘請為哥廷根大學的助教。

　　索末菲是舊量子論的最後守衛者，他的慕尼黑大學的「理論物理搖籃」，卻搖出了海森堡這位新量子論的開拓人，這就是科學的承先啟後、繼往開來！從此以後，新量子論，也即我們現在稱之為量子力學的理論，迅速發展起來。

● 6.1　矩陣力學的誕生

　　海森堡跟著索末菲寫的博士論文是關於湍流的，當時他碰到一些困難。而且海森堡不喜歡也不擅長做物理實驗，因此，在博士答辯時，還被大牌教授威廉‧維因非難而得了一個很低的分數。此是後話並且與海森堡對量子力學的貢獻無關，所以在此不表。海森堡真正感興趣的是當時物理界的熱門課題 —— 波耳的原子模型。

　　海森堡自己也曾經表示過，他真正的科學生涯是從與波耳的一次散步開始的⋯⋯

　　那是 1922 年初夏，波耳應邀到德國哥廷根大學講學，滯留 10 天，作報告 7 次，內容為波耳原子理論和對元素週期表的解釋。儘管波耳平時說話的聲音低沉，有時還給人不善言辭的負面印象，但這幾次演講卻是異常的成功，盛況空前，座無虛席。特別是眾多年輕的學子們，滿懷熱情，反應強烈，一個個豎起耳朵張著嘴，聚精會神地聽，生怕遺漏了大師的某句話、某個詞。有人稱這幾次講座是「波耳的節日演出」，還

有人形容當時的盛況「猶如舉辦了一次哥廷根狂歡節」！

索末菲教授帶著他的兩個得意門生 —— 親如兄弟的海森堡和包立，從慕尼黑趕到哥廷根來聽波耳演講。海森堡在這裡第一次遇到了波耳，一次，他在波耳結束演講後提出了一個頗為尖銳的問題，引起了波耳對這個年輕人的注意，當天便邀他一起去郊外散步。

海森堡受寵若驚，但在 3 小時的散步過程中與波耳的交談使他受益匪淺，對他後來的研究方向產生了重大而持續的影響。

1924 至 1927 年，海森堡得到洛克斐勒基金會的贊助，來到哥本哈根的理論物理研究所與波耳一起工作。從此，海森堡置身於波耳研究所那種激烈的學術爭鳴氛圍中，開始了卓有成效的學術研究工作。總體來說，海森堡大學後的物理生涯十分幸運，短短幾年中，他遊走於三位量子巨匠之間：他向索末菲學到了物理概念，向玻恩學到了數學技巧，而他自己最感興趣也最看重的哲學思想，則來自波耳！

科學研究總是需要張弛有度，有時候壓力下出成果，有時候放鬆狀態下靈感如泉湧。這些並無定論，也許可以用「冰凍三尺，非一日之寒」來描述，時機成熟了便自然會「瓜熟蒂落」而已。

海森堡正在煩惱於波耳和索末菲的原子模型時，花粉過敏症卻來折騰他，使他的臉腫得像烤出來的大圓麵包，以至於偶然撞見他的房東嚇了一大跳，還以為是他與人打架而致。因此，海森堡不得不去北海的黑爾戈蘭島休養一段時間。在那暫離喧譁的小地方，倒是激發了海森堡非凡的科學靈感，他構想出了他對量子力學的最大突破 —— 後來被稱作「矩陣力學」的理論。

海森堡當時正在研究氫的光譜線實驗結果與原子模型的關係。實驗得到的是宏觀物理世界中的可觀測量，量子化之後的原子模型卻是科學家腦袋中構想出來的東西。「可觀測」還是「不可觀測」，這在經典物

理中可以說是個偽命題，人們對經典理論的認知是：物理量不都是可觀測的嗎？但在量子論適用的微觀世界，這個問題從來就亦步亦趨地伴隨著物理理論前行。因為微觀現象難以直接觀測，那麼，如何來判斷理論正確與否呢？這實際上是波耳的「對應原理」企圖解決的問題。「對應原理」由波耳正式提出並在哲學的意義上推廣擴大到其他領域。但事實上，從普朗克開始，量子物理學家們就一直在潛意識中使用對應原理。

對應原理的實質就是：在一定的極限條件下，量子物理應該趨近於經典物理。微觀的不可觀測量，與宏觀的可觀測量之間，應該有一個互相對應的關係。

海森堡認為，原子模型中電子的軌道 [包括位置 $x(t)$、動量 $p(t)$ 等] 是不可測量的量，而電子輻射形成的光譜（包括頻率和強度）則是宏觀可測的。是否可以從光譜得到的頻率和強度這些可觀測量，倒推回去得到電子位置 $x(t)$ 及動量 $p(t)$ 的資訊呢？也就是說，是否可以將軌道概念與光譜對應起來？圖 6-2 中左圖是波耳軌道模型，右圖是宏觀可以測量的光譜頻率和強度。

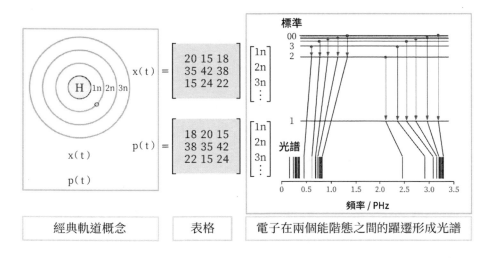

圖 6-2　原子軌道概念如何與經典觀測量對應？

這裡就產生了一點問題。

首先，在軌道概念中，電子繞核做圓周運動，波耳認為有多種可能的軌道，例如圖 6-2 左圖中的（$1n$、$2n$、$3n\cdots$）。那麼，沒問題，可以將位置 x（t）及動量 p（t）表示成這些軌道的線性疊加，或者說，將它們做傅立葉轉換。

然後，第二步，我們再來考察右圖中宏觀可以測量的光譜頻率和強度。光譜產生的原因是原子中電子在兩個能階之間的躍遷，能階差決定了光譜的頻率，躍遷的機率決定了譜線的強度。因此，頻率和強度是由兩個能階（n 和 m）決定的。每兩個任意能階間都有可能產生躍遷，因此，n 和 m 是兩個獨立的變數。

如何將軌道中的量（例如 x（t））用 n 和 m 兩個獨立變數表示出來呢？這第 3 步難倒了海森堡：x（t）是一個變數 n 的函數，卻要用兩個變數 n 和 m 表示！海森堡也顧不了花粉過敏的糾纏，沒日沒夜地想這個問題。

終於在一個夜晚，海森堡腦海中靈光一閃，想通了這個問題。有什麼不好表示的？把它們兩者間的關係畫成一個「表格」呀！海森堡大概設定了一下用這種表格進行計算的幾條「原則」，剩下的就是一些繁雜的運算了。後來，海森堡在回憶這段心路歷程時寫道：「大約在凌晨 3 點鐘，計算的最終結果擺在我面前。起初我被深深震撼。我非常激動，我無法入睡，所以我離開了屋子，等待在岩石頂上的日出。」[6-7]

計算結果非常好地解釋了光譜實驗結果（光譜線的強度和譜線分布），使得電子運動學與發射輻射特徵之間具有了關聯。但海森堡仍然希望針對波耳模型的軌道有個說法。

海森堡想，波耳模型基於電子的不同軌道。但是，誰看過電子的軌道呢？也許軌道根本不存在，存在的只是對應於電子各種能量值的狀

態。對，沒有軌道，只有量子態！量子態之間的躍遷，可以精確地描述實驗觀察到的光譜，還要軌道幹什麼？如果你一定要知道電子的位置 x (t) 及動量 p (t)，對不起，我只能對你說：它們是一些表格，無窮多個方格子組成的表格。

1925 年 6 月 9 日，海森堡返回哥廷根後，立即將結果寄給他的好朋友包立，並加上幾句激動的評論：「一切對我來說仍然模糊不清，但似乎電子不再在軌道上運動了。」

1925 年 7 月 25 日，《海德堡物理學報》收到了海森堡的論文。這天算是量子力學及新量子論真正發明出來之日，距離普朗克舊量子論的誕生，已經過去了 25 年。

▌ 6.2　提出不確定性原理

海森堡將他的著名論文寄給雜誌的同時，也寄了一份給玻恩，並評論說他寫了一篇瘋狂的論文，請玻恩閱讀並提出建議。玻恩對海森堡論文中提出的計算方法感到十分驚訝，但隨後他意識到這種方法與數學家很久以前發明的矩陣計算是完全對應的。海森堡的「表格」，就是矩陣！因此，玻恩與他的一個學生約爾旦一起，用矩陣語言重建了海森堡的結果。再後來，海森堡、玻恩、約爾旦三人又共同發表了一篇論文，所以最終，這「一人、兩人、三人」三篇論文，為量子力學的第一種形式 —— 矩陣力學，奠定了基礎。這裡頭還有狄拉克的貢獻，將矩陣與帕松括號相連繫。

新量子論的發展還有另外一條線，完全獨立於海森堡的矩陣力學。那是愛因斯坦注意到德布羅意的物質波理論之後，推薦給薛丁格引起的。薛丁格從波動的角度，用微分方程式建立了量子力學。

　　微分方程式是物理學家們喜歡的表述形式，牛頓力學、馬克士威方程式都用它。薛丁格方程式描述的波動圖像也使物理學家們感覺親切直觀、賞心悅目，雖然後來不知如何解釋波函數而頗感困惑，但還是喜歡它，而討厭海森堡的枯燥和缺乏直觀圖像的矩陣。

　　因此，薛丁格方程式名噪一時，大家幾乎忘掉了海森堡的矩陣。這使得年輕氣盛、好勝心極強的海森堡很不以為然。即使薛丁格等人後來證明了，薛丁格方程式與矩陣力學在數學上是完全等效的，海森堡仍然耿耿於懷。天才終歸是天才，不久後（1927 年），海森堡便拋出了一個「不確定性原理」，震驚了物理界。

　　如前所述，海森堡將原子中電子的位置 x（t）及動量 p（t）用「表格」，也就是用矩陣來描述，但矩陣的乘法不同於一般兩個「數」的乘法。具體來說，就是不對易：x（t）×p（t）不等於 p（t）×x（t）。

　　或簡單地寫成：$xp \neq px$。將這種不相等的特性用它們（x 和 p）之差表示出來，叫做對易關係：

$$[x , p] = xp - px = \mathrm{i}\,\hbar$$

　　後來又從對易關係再進一步，可寫成如圖 6-3（a）那種不等式的形式，稱之為不確定性原理。

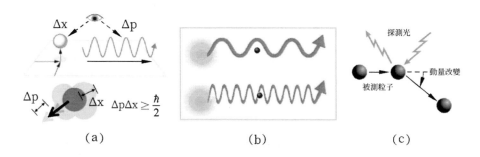

（a）　　　　　　　　　（b）　　　　　　　　　（c）

圖 6-3　海森堡的不確定性原理

（a）不確定性原理；（b）不同頻率光波測量粒子位置；（c）直觀解釋

　　根據海森堡的不確定性原理，對於一個微觀粒子，不可能同時精確地測量出其位置和動量。將一個值測量得越精確，另一個值的測量就會越粗略。如圖 6-3（a）所示，如果位置被測量的精確度是 Δx，動量被測量的精確度是 Δp 的話，兩個精確度之乘積將不會小於 $\hbar/2$，即 $\Delta p \Delta x \geq \hbar/2$，這兒的 $\hbar$ 是約化普朗克常數。精確度是什麼意思？精確度越小，表明測量越精確。如果 Δx 等於 0，說明位置測量是百分之百的準確。但是因為不確定原理，Δp 就會變成無窮大，也就是說，測定的動量將在無窮大範圍內變化，亦即完全不能被確定。

　　海森堡討厭波動力學，但也想要給自己的理論配上一幅直觀的圖像，他用了一個直觀的例子來解釋不確定性原理，以回應薛丁格的波動力學。

　　如何測量粒子的位置？我們需要一定的實驗手段，例如，可以借助於光波。如果要想準確地測量粒子的位置，必須使用波長更短、頻率更高的光波。在圖 6-3（b）中，畫出了用兩種不同頻率的光波測量粒子位置的示意圖。圖 6-3（b）上面的圖中使用波長比較長的光波，幾乎探測不到粒子的存在，只有光波的波長可以與粒子的大小相比較 [如圖 6-3（b）的下圖所示] 的時候，才能進行測量。光的波長越短，便可以將粒子的位置測量得越準確。於是，海森堡認為，要想精確測量粒子的位置，必須提高光的頻率，也就是增加光子的能量，這個能量將作用在被測量的粒子上，使其動量發生一個巨大的改變，因而，便不可能同時準確地測量粒子的動量，見圖 6-3（c）。

　　如上所述的當時海森堡對不確定原理的解釋，是基於測量的準確度，似乎是因為測量干預了系統而造成兩者不能同時被精確測量。後來，大多數的物理學家對此持有不同的看法，認為不確定性原理是類波系統的內含性質。微觀粒子的不確定性原理，是由其波粒二象性決定

的，與測量具體過程無關。

事實上，從現代數學的觀念，位置與動量之間存在不確定性原理，是因為它們是一對共軛對偶變數，在位置空間和動量空間，動量與位置分別是彼此的傅立葉轉換。因此，除了位置和動量之外，不確定關係也存在於其他成對的共軛對偶變數之間。例如，能量和時間、角動量和角度之間，都存在類似的關係。

6.3　海森堡與波耳

海森堡對量子力學的貢獻是毋庸置疑的，但他在第二次世界大戰中的政治態度卻不是很明確。海森堡曾經是納粹德國核武器研究的領導人，但德國核武器研製多年未成正果，這固然是戰爭正義一方的幸運之事，但海森堡在其中到底起了何種作用？至今仍是一個難以確定的謎。海森堡在大戰中的「不確定」角色引人深思：科學家應該如何處理與政治的關係？如何在動亂中保持一位科學家的良知？

海森堡與波耳，有長期學術上的合作，有亦師亦友的情誼，從海森堡 22 歲獲得博士學位後第一次到哥本哈根演講，波耳就看上了這個年輕人。無情的戰爭，將科學家之間的友誼蒙上了一層淡淡的陰影。在戰爭期間，1941 年海森堡曾到哥本哈根訪問波耳，據說因為兩人站在不同的立場，所以話不投機，不歡而散。這個結果是符合情理的，因為當時波耳所在的丹麥被德國占領，波耳與海森堡已有兩年多未見面，波耳對他有戒心，懷疑他是作為德方的代表而出現，但到底兩人談話中說了些什麼，人們就只能靠猜測了。有人說海森堡是想要向波耳探聽盟軍研製核武器的情況，有人說海森堡企圖說服波耳，向波耳表明德國最後一定會勝利。

　　第二次世界大戰結束後，海森堡作為囚犯，被美國軍隊送到英國，
1946 年重返德國，重建哥廷根大學物理研究所。1955 年，該研究所與作
為研究所主任的海森堡，一起遷往慕尼黑，後來改名為現在的馬克斯 -
普朗克物理學研究所。

　　海森堡之後居住在慕尼黑，1976 年 2 月 1 日因癌症於家中逝世。

7　唇槍加舌劍眾人稱「上帝鞭子」

　　　不相容原理包立探物質奧祕

　　在量子力學誕生的那一年，沃夫岡‧包立（Wolfgang Pauli, 1900-1958）也在奧地利的維也納呱呱墜地，20 多年後，他成為量子力學的先驅者之一，是一個頗富特色的理論物理學家（圖 7-1）。

圖 7-1　沃夫岡‧包立

7.1　天才的「上帝鞭子」

　　包立的教父，是鼎鼎有名的被愛因斯坦尊稱為老師的馬赫（Ernst Mach, 1838-1916）。在高中畢業時，年輕的包立就表現出過人的才智，

發表了他的第一篇科學論文。後來，包立成為慕尼黑大學年齡最小的研究生，剛進大學便直接投靠到索末菲門下。包立在 21 歲的時候為德國的《數學科學百科全書》寫了一篇 237 頁紙的有關狹義和廣義相對論的文章，不僅令索末菲對他刮目相看，也得到愛因斯坦的高度讚揚和好評，愛因斯坦曰：「該文出自 21 歲青年之手，專家皆難信也！其深刻理解力、推算之能力、物理洞察力、問題表述之明晰、系統處理之完整、語言把握之準確，無人不欽羨！」

也許如包立這種天才，更適合做一個嚴格的評判者。包立善挑毛病，在物理學界以犀利和尖刻的評論而著稱，絲毫不給人留面子。但有意思的是，對發現了他的天賦的第一個老師索末菲，包立卻是一直保持著畢恭畢敬的態度。

據說包立自己講過他學生時代的一個故事，有一次在柏林大學聽愛因斯坦講相對論的報告，報告完畢，幾個資深教授都暫時沉默不言，似乎正在互相猜測：誰應該提出第一個問題呢？突然，只見一個年輕學子站了起來說：「我覺得，愛因斯坦教授今天所講的東西還不算太愚蠢！」這直言不諱的年輕人就是包立。

包立言辭犀利、思想敏銳，對學術問題謹慎，慣於挑剔，且獨具一種發現錯誤的能力。因此，波耳將他譽為「物理學的良知」，同行們以「可怕的包立」、「上帝的鞭子」、「包立效應」等暱稱和調侃來表明對他的敬畏之心。包立有一句廣為流傳的評論之言：「這連錯誤都談不上！」此話足見其風格，被同事們傳為笑談。

十分有趣的是，據說每次愛因斯坦在演講前，會自然地向觀眾席上觀看：「鞭子」是否在場？還有那位號稱傲慢的朗道，報告時如果有包立在場，態度便溫順如綿羊。一次，朗道演講完畢後，發現包立在，便破天荒地謙稱自己所講的東西也許並非完全有錯，包立則安慰他說：

「噢，絕對不是全錯，因為你講的東西亂成一團，我們根本弄不清哪些是對的，哪些是錯的。」

但是，包立並不完全是個傲慢自負、目中無人的傢伙。他心目中有三個半他所敬重的物理學家，按名次排隊應該是索末菲、波耳、愛因斯坦，還有半個敬重者的榮耀，則贈與了他的好朋友海森堡。

當時的物理學界十分重視包立對每一個新成果、新思想的尖銳評價。不僅僅是當時，即使在包立逝世很久，當物理學界又有新的進展時，人們還會說：「如果包立還活著的話，對此會有什麼高見呢？」

儘管包立對學術問題尖刻地批評，但他的學生們仍然能感覺出包立親切和平易近人的一面，特別是包立對自己也一樣地挑剔，毫不留情！還有值得讚賞的一點是，學生們在包立面前不害怕問任何問題，也不必擔心顯得愚蠢，因為對包立而言，所有的問題都是愚蠢的。

對包立的尖刻，同行中流傳的笑話很多，其中有一個說的是他連上帝也不放過！人們說，如果包立死後去見上帝，上帝把自己對世界的設計方案給他看，包立看完後會聳聳肩，說道：「你本來可以做得更好些……」當然，其中很多故事只是傳聞或八卦，博大家一笑。

7.2　包立不相容原理

1925 年，25 歲的包立，為了解釋反常塞曼效應，提出了「包立不相容原理」，這是原子物理的最基本原理，也是量子力學的重要基礎。

如圖 7-2 所示，塞曼效應指的是原子光譜線在外磁場的作用下，1 條分裂成 3 條的現象。是由荷蘭物理學家塞曼於 1896 年發現的。同是荷蘭物理學家的勞侖茲，用經典電磁理論解釋了這種現象，認為能階發生分

裂是由於電子的軌道磁矩方向在磁場作用下改變所致，使得每條譜線分裂成間隔相等的 3 條譜線。塞曼和勞侖茲因為這一發現共同獲得了 1902 年的諾貝爾物理學獎。

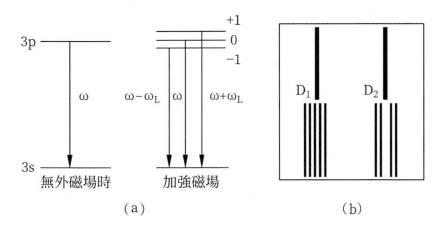

圖 7-2　塞曼效應與反常塞曼效應

（a）塞曼效應；（b）反常塞曼效應

　　雖然塞曼效應似乎有所解釋，但在 1897 年，在很多實驗中觀察到光譜線並非總是分裂成 3 條，有時 4 條、5 條、6 條、9 條，各種數值都有，間隔也不相同，似乎複雜而無規則。人們把這種現象叫做反常塞曼效應。原來用以解釋正常塞曼效應的機制對反常塞曼效應完全無能為力。這個問題困擾著物理界，也困擾著哥本哈根學派的掌門人波耳。正好這時候包立申請到波耳研究所工作，波耳便把這個難題交給了他。

　　包立挑人毛病可謂淋漓盡致、十分痛快，評論文章也能滔滔不絕，口若懸河。這下可好了，自己碰到了難題。反常塞曼效應是怎麼回事啊？他想來想去總覺得十分棘手，一籌莫展。當年塞曼在他的諾貝爾獎獲獎演講中曾經提到了難以理解的反常塞曼效應，宣稱他和勞侖茲遭到了「意外襲擊」。那時候的包立還是個兩歲的孩子，沒想到過了 20 年這

個難題仍然是難題，還「意外襲擊」到了包立的腦海中。

因此，那段時間，人們見包立經常漫無目的地徘徊於哥本哈根的大街小巷，眉頭緊鎖、快快不樂。那是 1922 至 1923 年間，包立憑直覺明白，現有的舊量子論不能徹底解決反常塞曼效應的問題。然而，量子的新理論尚未誕生，才剛剛開始在敲打著海森堡、薛丁格等人的腦袋！包立雖然是天才，但他擅長的是與學生討論、與同事交流，在與人互動中貢獻他的才華，他不是那種喜歡自己寫文章開拓新天地的人，這就正是他漫步街頭悶悶不樂的原因。包立自己後來在一篇文章中回憶、描述過當年的心情，大意是說，當你被反常塞曼效應這種難題糾纏的時候，你能開心得起來嗎？

儘管暫時沒有新理論，包立畢竟算是當年物理界的革命派，20 歲出頭的年輕人，思想前衛，總能想出一些怪招來。面對著從反常塞曼效應得到的一大堆光譜實驗數據，包立決定首先從這些經驗數據中摸索規律。

有一些外磁場非常強大時得到的實驗數據，對包立有所幫助。這是 1912 年和 1913 年分別被帕邢和巴克獨立發現的帕邢 - 巴克效應（Paschen-Backer effect）。在這些實驗中，當外磁場很強時，譜線又恢復到 3 條。也就是說，強磁場破壞了引起反常塞曼效應的「某種原因」而回到了正常的塞曼效應。正常塞曼效應的原因是軌道磁矩量子化，那麼，這「某種原因」又是什麼呢？一定也是與磁效應有關的。於是，在 1924 年，包立形式化地引入了一個他稱之為「雙值性」的量子自由度，即最外層電子的一個額外量子數，可以取兩個數值中的一個。這樣一來，似乎可以在形式上解決反常塞曼效應問題。

此外，包立最後斷定反常塞曼效應的譜線分裂只與原子最外層的價電子有關。從原子譜線分裂的規律，應該可以找出原子中電子的運動方

式。於是，包立引入了 4 個量子數來描述電子的行為。它們分別是：主量子數 n、角量子數 l、總角量子數 j、總磁量子數 m_j。這些量子數稍微不同於如今人們所習慣使用的量子數。它們的取值互相有關，例如，角量子數給定為 l 時，總角量子數 j 可以等於1±1/2。在磁場中，這些量子數的不同取值使得電子的狀態得到不同的附加能量，因而使得原來磁場為 0 時的譜線分裂成多條譜線。

1924 年左右，一位英國理論物理學家愛德蒙・斯通納（Edmund Stoner, 1899-1968）研究了原子能階分層結構中最多可能容納的電子數，最早給出電子數目與角量子數的關係。他的文章啟發了包立的思路。1925 年，包立在如上所述的 4 個量子數基礎上，得到不相容原理，以禁令的形式表示如下：

電子在原子中的狀態由 4 個量子數（n、l、j、m_j）決定。在外磁場裡，處於不同量子態的電子具有不同的能量。如果有 1 個電子的 4 個量子已經有明確的數值，則意味著這 4 個量子數所決定的狀態已被占有，1 個原子中，不可能有 2 個或多個電子處於同樣的狀態。

包立不相容原理看起來並不是什麼大不了的理論，實際上只是一個總結實驗資料得出的假說，但它卻是從經典走向量子道路上頗具革命性的一步。這個原理深奧的革命意義有兩點：一是與全同粒子概念相關；二是與自旋的概念緊密連繫。全同粒子有兩種，即費米子和玻色子，包立不相容原理描述的是費米子行為。全同粒子和自旋，都是量子物理中特有的現象，沒有相應的經典對應物。這個原理的深層意義，即使是當時的包立也沒能意識到，因為在經典力學中，並沒有這種奇怪的費米子行為，也沒有作為粒子內含屬性的自旋[8-9]。

▋ 7.3　包立和自旋

包立提出的不相容原理，已經與自旋的概念只有一步之遙，但頗為奇怪的是，他不僅自己沒有跨越這一步，還阻擋了別的同行（克勒尼希）提出「自旋」。

從包立引入的 4 個量子數的取值規律來看，自旋的概念已經到了呼之欲出的地步，因為從 4 個量子數得到的譜線數目正好是原來理論預測數的 2 倍。這 2 倍從何而來？或者說，應該如何來解釋剛才我們說過的「總角量子數 j 等於 $l\pm1/2$」的問題？這個額外 $1/2$ 的角量子數是什麼？

克勒尼希（Ralph Kronig, 1904-1995）生於德國，後來到美國紐約哥倫比亞大學讀博士。他當時對包立的研究課題產生了興趣。具體來說，克勒尼希對我們在上一段提出的問題試圖給出答案。克勒尼希想，波耳的原子模型類似於太陽系的行星：行星除了公轉之外還有自轉。如果原子模型中的角量子數 l 描述的是電子繞核轉動的軌道角動量的話，那個額外加在角量子數上的 $1/2$ 是否就描述了電子的「自轉」呢？

克勒尼希迫不及待地將他的電子自旋的想法告訴包立，包立卻冷冷地說：「這確實很聰明，但是和現實毫無關係。」克勒尼希受到包立如此強烈的反對，就放棄了自己的想法，也未寫成論文發表。可是，僅僅半年之後，另外兩個年輕物理學家喬治 · E · 烏倫貝克（George E. Uhlen-beck, 1900-1988）和塞繆爾 · A · 古德斯米特（Samuel A. Goudsmit, 1902-1978）提出了同樣的想法，並在導師埃倫費斯特（Paul Ehrenfest, 1880-1933）支持下發表了文章。他們的文章得到了波耳和愛因斯坦等人的好評。這令克勒尼希因失去了首先發現自旋的機會而頗感失望。不過，克勒尼希了解到包立只是因為接受不了電子自轉的經典圖像而批評他，並非故意刁難，因此後來一直和包立維持良好的關係。心胸寬大的克勒尼

希活到 91 歲的高齡，於 1995 年才去世。

　　包立當時認為，自旋無法用經典力學的自轉圖像來解釋，因為自轉引起的超光速將違反狹義相對論。有人把電子的自旋解釋為因帶電體自轉而形成的磁偶極子，這種解釋也很難令人信服，因為實際上，除了電子外，一些不帶電的粒子也具有自旋，例如，中子不帶電荷，但是也和電子一樣，自旋量子數為 1/2。包立對自旋的疑惑之處，現在也仍然存在，不過用一言以蔽之為「內含屬性」！

　　包立雖然反對將自旋理解為「自轉」，但卻一直都在努力思考自旋的數學模型。他開創性地使用了 3 個不對易的包立矩陣作為自旋算子的群表示，並且引入了一個二元旋量波函數來表示電子兩種不同的自旋態。

$$\boldsymbol{\sigma}_x = \begin{bmatrix} 0 & 1 \\ 1 & 0 \end{bmatrix}, \quad \boldsymbol{\sigma}_y = \begin{bmatrix} 0 & -i \\ i & 0 \end{bmatrix}, \quad \boldsymbol{\sigma}_z = \begin{bmatrix} 1 & 0 \\ 0 & -1 \end{bmatrix}$$

包立矩陣

$$\psi(\boldsymbol{r}, s_z, t) = \begin{pmatrix} \psi_{\text{上}}(\boldsymbol{r}, t) \\ \psi_{\text{下}}(\boldsymbol{r}, t) \end{pmatrix}$$

電子的旋量波函數

　　包立隨後用包立矩陣和二分量波函數完成了電子自旋的數學描述，使之不再是一個假說，可是這對於包立來說，又意味著更大的遺憾，因為狄拉克因此而受到啟發，完成了量子力學基本方程式之狄拉克方程式。不過，也許包立不遺憾，畢竟包立就是包立！

　　事實也是如此，自旋的確有它的神祕之處，無論從物理意義、數學模型、實際應用上而言，都還有許多的謎底等待我們去研究、去揭穿。

電子自旋的物理意義上可探究的問題很多：這個內含角動量到底是個什麼意思？自旋究竟是怎麼形成的？為什麼費米子會遵循包立不相容原理？為什麼自旋是整數還是半整數，會決定微觀粒子的統計行為？並且，自旋在實際應用上也神通廣大，它解釋了元素週期的形成、光譜的精細結構、光子的偏振性、量子通訊的糾纏等。

7.4　包立的遺憾

包立過於聰明和自負，又不在乎學術上的桂冠和名聲，因此錯過了不少「首次發現」的機會，剛才所說的「自旋和全同粒子」即是一例。

據說包立在海森堡之前提出了不確定性原理，狄拉克也承認帕松括號量子化最早是由包立指出的。

楊振寧於 1954 年 2 月，應邀到普林斯頓研究院作楊 - 米爾斯規範場論的報告，包立提出一個尖銳的「質量」問題，使楊振寧難以回答，但也說明包立當時已經思考過推廣規範場到強弱相互作用的問題，並且意識到了規範理論中有一個不那麼容易解決的質量難點。

後來，晚年的包立又接到了青年物理學家楊振寧和李政道的論文，就是那篇著名的〈宇稱在弱相互作用中守恆嗎？〉，年老的包立依然鋒芒不減，在寫給朋友的信中道：「我不相信上帝是一個弱左撇子，我準備押很高的賭注，賭那些實驗將會顯示……對稱的角分布……」「對稱的角分布」指的就是宇稱守恆，言下之意，包立認為年輕人的想法根本就不值一提。

非常幸運的是沒有人參與包立的賭局，否則包立就要破產了。因為在包立押賭的兩天之前，被包立稱為「無論作為實驗物理學家還是聰慧

而美麗的年輕中國女士」的吳健雄博士，就已經發表了證明「宇稱不守恆」實驗的論文，包立並不知情。包立這次沒有損失金錢，只是損失了一點名譽。

據說弱相互作用下宇稱不守恆本身也是發軔於包立，因為包立第一個預言了中微子的存在，雖然中微子是由費米命名的，但確實是包立在研究 β 衰變時提出的假想粒子。中微子是弱相互作用的重要粒子，其狀態和相互作用會導致弱相互作用的宇稱不守恆，如果包立當時就此深入研究下去，那麼他會在弱相互作用中的宇稱不守恆造成重要的作用，包立又一次嚥下苦水。

1945 年，諾貝爾物理學獎終於頒給了包立，對於包立來說，等待的時間太長了，20 年前他就應該得到諾貝爾獎了，在他之前，他的朋友甚至晚輩都紛紛獲得了諾貝爾獎。

為了慶祝這個遲來的諾貝爾獎，普林斯頓高等研究院為包立開了慶祝會，愛因斯坦專門在慶祝會上演講致辭。包立後來寫信給玻恩回憶這一段，說：「我永遠也不會忘記 1945 年當我獲得諾貝爾獎之後，他（愛因斯坦）在普林斯頓所做的有關我的演講。那就像一位國王在退位時將我選為了如長子般的繼承人。」圖 7-3 為包立和愛因斯坦的合影。

聰明過頭的人往往不快樂。年輕的包立在經受了母親自殺和離婚事件的打擊後，患上了嚴重的腦神經衰弱，因而不得不求助於當時也在蘇黎世並且住得離他不遠的心理醫生卡爾·榮格（Carl Gustav Jung, 1875-1961）。榮格是佛洛伊德的學生，著名心理學家，分析心理學創始人。從那時候開始，榮格記錄和研究了包立的 400 多個「原型夢」，這些夢境伴隨著包立的物理研究夢，榮格 20 多年如一日，一直記錄和研究到包立逝世為止。包立也和榮格討論心理學、物理學和宗教等。後人將包立與榮格有關這些夢境的書信來往整理成書，這些內容為探索科學家的心

理狀況與科學研究之間的關聯留下了寶貴的原始資料。例如，偉人愛因斯坦、虛數 i、與精細結構常數有關的 137 等都曾經來到過包立的夢裡。或許，在包立不短不長的生命中，清醒和夢境，科學和宗教，總是經常融合糾纏在一起。圖 7-4 是包立、榮格及包立不相容原理。

圖 7-3　包立（右）和愛因斯坦（左）

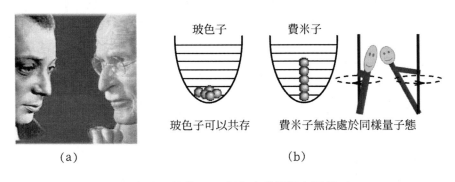

圖 7-4　包立、榮格（a）及包立的不相容原理（b）

　　儘管包立不重名利，但他晚年對自己的學術生涯也有清晰的認知：「年輕時我以為自己是一個革命者。當偉大的問題到來時，我將是解決並書寫它們的人。偉大的問題來了又去了，別人解決並書寫了它們。我顯

然只是一個古典主義者，而不是革命者。」

　　包立於 1958 年因患胰腺癌而去世，享年 58 歲，據說他死前曾經問去探望他的助手：看到這間病房的號碼了嗎？原來他的病房號碼是 137，精細結構常數的倒數！不用筆者再多寫，諸位就知道包立臨死之前一段時間腦袋中在想些什麼了！唉，這就是執著痴迷的科學家！

8 風流倜儻薛丁格建立方程式

思想實驗虛擬貓糾纏世人

　　量子的腳步很快就走進了 1925 年。這一年，奧地利物理學家薛丁格（Schrödinger, 1887-1961）（圖 8-1）受德拜之邀在蘇黎世做了一個介紹德布羅意「物質波」的演講。

圖 8-1　薛丁格

8.1　愛因斯坦勤點撥　風流才子遇機會

　　奧地利在我們眼中是一個音樂的國度，維也納更是著名的音樂之鄉，是「音樂之聲」遍地流淌的地方。並且，論起科學來，奧地利也是毫不遜色的人才輩出之地。仔細算一算的話，奧地利的著名物理學家還

真不少！包立是在奧地利維也納出生的，他是年輕的量子達人。1925 年薛丁格作報告時，包立才 25 歲。薛丁格也誕生於維也納，比包立大 13 歲，所以當時已經可以算是老前輩了。在薛丁格之前，還有以都卜勒效應聞名的都卜勒（Christian Doppler, 1803-1853）、著名的哲學家兼物理學家馬赫、研究統計物理的波茲曼、原子物理學家中的著名女將邁特納（Lise Meitner, 1878-1968）等，加上後來的人物，列出名字來有一大串，其中也不乏諾貝爾獎得主。如果不限於物理學家，擴大到其他學科，就更多了，如遺傳之父孟德爾（Johann Mendel, 1822-1884）等。

　　薛丁格於 1906 至 1910 年在維也納大學物理系學習，在那裡完成了他的大學學位，並度過了他的早期科學研究生涯。維也納大學是波茲曼畢生工作之處，因此，薛丁格受波茲曼科學思想的影響頗深，早年從事的研究工作便是氣體動力論和統計力學方面的課題，他曾深入地研究過連續物質物理學中的本徵值問題。1921 年，薛丁格受聘到瑞士蘇黎世大學任數學物理教授，繼續研究與氣體動力理論相關的問題。

　　正在這個時候，玻色（Satyendra Bose, 1894-1974）與愛因斯坦提出了一種關於簡併氣體的新的統計方法。因而，薛丁格的研究也引起了愛因斯坦的興趣。一開始，薛丁格並不理解玻色 - 愛因斯坦統計的理論，特地寫信給愛因斯坦與他進行討論，之後幾年間，雙方有多次信件來往，因此可以說愛因斯坦是薛丁格的直接引路人。1924 年，薛丁格寫了一篇有關氣體簡併與平均自由徑的文章，詳細評述了理想氣體熵的計算問題。愛因斯坦對薛丁格的文章做了高度評價並將德布羅意波的想法介紹給薛丁格：「一個物質粒子或物質粒子系可以怎樣以同一個（純量）波場相對應，德布羅意先生已在一篇很值得注意的論文中提出了。」之後，薛丁格曾回信表示自己「懷著極大的興趣拜讀了德布羅意的獨創性的論文，並且終於掌握了它」。

　　後來，才有了我們本節開頭所言之事：薛丁格在蘇黎世作介紹德布羅意波的演講。

　　當時，薛丁格的精彩報告激起了聽眾的極大興趣，也使薛丁格自己開始思考如何建立一個微分方程式來描述這種「物質波」。因為當時作為會議主持人的德拜（Peter Debye, 1884-1966）教授就問過薛丁格：「物質微粒既然是波，那有沒有波動方程式？」薛丁格明白這的確是個問題，也是自己的一個大好機會！薛丁格想，這個波動方程式一旦被建立起來，首先可以應用於原子中的電子上，結合波耳的原子模型，來描述氫原子內部電子的物理行為，解釋索末菲模型的精細結構。

　　就這樣，薛丁格綜合玻色、愛因斯坦、德布羅意的思想，首先將自己原來氣體理論的研究成果做了一個總結，於 1925 年 12 月 15 日發表了一篇題為〈論愛因斯坦的氣體理論〉的文章。這篇文章中，薛丁格充分運用了德布羅意的理論，將它用來研究自由粒子的運動。顯而易見，這個工作的下一步，便是將德布羅意的理論用來研究最簡單的束縛態粒子，即氫原子中的電子。然而，這不是像自由粒子運動那麼簡單，薛丁格明白，首要任務是要建立一個方程式！

　　不過，這時候到了聖誕節的假期，風流倜儻的薛丁格正好碰見了一位早期交往過的女友，兩人舊情復發，相約去白雪皚皚的阿爾卑斯山上渡假數月。

　　風流才子果然名不虛傳，物理研究十分重要，情人約會也必不可少。沒料到美麗的愛情居然大大激發了薛丁格的科學靈感，著名的薛丁格方程式橫空出世！

▌ 8.2　波動方程式顯威力　原子模型得解釋

在 1926 年的 1 月、2 月、5 月、6 月，薛丁格接連發表了 4 篇論文。實際上，在 3 月和 4 月也穿插發表了兩篇相關的重要文章。這一連串射出並爆炸的 6 發「砲彈」，正式宣告了波動力學的誕生 [10]。

1 月論文〈量子化是本徵值問題Ⅰ〉，將量子化的實質歸結於數學上的本徵值問題。薛丁格在大學期間深入研究過的連續介質本徵值問題，在此派上了用場。原來所謂「波耳 - 索末菲量子化條件」，並不是什麼需要人為規定的東西，而實際上是求解勢陷中本徵值問題自然得到的結論。根據這個思想，薛丁格建立了氫原子的定態薛丁格方程式並求解，給出氫原子中電子的能階公式，計算氫原子的譜線，得到了與波耳模型及實驗符合得很好的結果。

2 月論文〈量子化是本徵值問題Ⅱ〉，從含時的哈密頓 - 雅可比方程式出發，建立一般的薛丁格方程式，討論了方程式的求解，並從經典力學和幾何光學的類比及物理光學到幾何光學過渡的角度，闡述了他建立波動力學的思想，解釋了波函數的物理意義。

當年的薛丁格，探求描述電子波粒二象性的動力學方程式，自然首先到經典物理中尋找對應。電子作為經典粒子，是用牛頓定律來描述的，如何描述它的波動性呢？考查經典力學理論，除了用牛頓力學方程式表述之外，還有另外幾種等效的表述方式，它們可以互相轉換，都能等效地描述經典力學。這些經典描述中，哈密頓 - 雅可比方程式是離波動最接近的。當初，哈密頓和雅可比提出這個方程式，就是為了將力學與光學作類比。

3 月文章〈微觀力學到宏觀力學〉，闡明量子力學與牛頓力學之間的連繫。

4 月文章〈論海森堡、玻恩、約爾旦量子力學和薛丁格量子力學的關係〉，從特例出發，證明矩陣力學與波動力學可以相互變換。

5 月、6 月兩篇論文，分別建立定態及含時的微擾理論及其應用。

總結歸納一下薛丁格方程式的建立過程如圖 8-2 所示，有如下幾個要點：

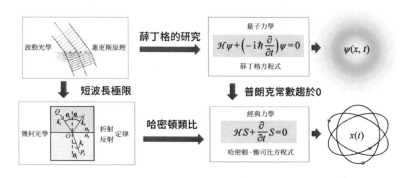

圖 8-2　薛丁格方程式的導出

（1）定態問題就是求解一定邊界條件下的本徵方程式，以此來計算原子中電子的能階；

（2）經典力學的哈密頓 - 雅可比方程式，不但可以描述粒子的運動，也可以用來描述光波的傳播，可以將其推廣而建立電子的量子波動方程式；

（3）根據德布羅意位相波理論，電子可以看成一種波，反映其粒子性的動量、能量與其相應的波的波長、頻率的關係，由德布羅意 - 愛因斯坦公式給出。

薛丁格綜合這些要點，導出了薛丁格方程式，其中關鍵思想是來自德布羅意物質波的啟示，其間愛因斯坦起了重要作用，因此人們認為，愛因斯坦是波動力學的主要「推手」。

8.3　複數加算符　量子之要素

比較一下圖 8-2 右側公式中的薛丁格方程式和哈密頓 - 雅可比方程式，可以看出經典力學是量子力學的「零波長極限」，實際上也就是當普朗克常數 h 趨於 0 時候的極限。普朗克常數 h 在這裡又出現了，正如之前所說的，它是量子的象徵。

薛丁格方程式和哈密頓 - 雅可比方程式都是偏微分方程式，公式中將時間的偏導數明顯地寫成了時間微分算符的形式。經典方程式中的算符是 $(\partial/\partial t)$，薛丁格方程式中的算符中則多了一個乘法因子$(-i\hbar)$，是虛數 i 和約化普朗克常數$\hbar(=h/2\pi)$的乘積。此處 h 表示量子，h 數值很小，因而薛丁格方程式只在微觀世界才有意義。虛數 i 則代表了波動的性質，對波動而言，每一個點的「運動」不但有振幅，還有相位。相位便會將複數的概念牽扯進來。

因此，薛丁格方程式將普朗克常數、複數還有算符結合在一起，這三者構成新量子論之數學要素。算符對量子尤其重要，因為在量子理論中，粒子的軌道概念失去了意義，原來的經典物理量均被表示為算符。

什麼是算符？算符即運算符號，它並不神祕，實際上，一般的函數和變數，都可以算是算符，矩陣是不對易的算符的例子，上文中所示的 $(\partial/\partial t)$，是大家所熟悉的微分算符，也就是微分。微分算符通常作用在函數上，將一個函數進行微分變成另一個函數。量子力學中的微分算符作用在系統的量子態（波函數）上，將一個量子態變成另一個量子態。

圖 8-3 中列出了一部分常見的量子微分算符。

$f(x)=f(x)$	函數算符
$p_x = \dfrac{\hbar}{i} \dfrac{\partial}{\partial x}$	動量算符χ分量
$E = \dfrac{p^2}{2m} + V(x)$	總能量

$\mathcal{H} = i\hbar \dfrac{\partial}{\partial t}$	哈密頓算符
$KE = \dfrac{-\hbar^2}{2m} \dfrac{\partial^2}{\partial x^2}$	動能
$L_z = -i\hbar \dfrac{\partial}{\partial \phi}$	角動量z分量

圖 8-3　常見量子微分算符

　　從算符的角度看，薛丁格方程式看起來只是個簡單的恆等式：左邊是算符 $\left(i\hbar\dfrac{\partial}{\partial t}\right)$ 作用在波函數上，右邊等於算符 H 作用於同一波函數上。能量算符 H 描述系統的能量，在具體條件下有其具體的表達式。一般來說，量子系統的能量表達式可以從它所對應的經典系統的能量公式得到，只需要將對應的物理量代之以相應的算符就可以了。例如，一個經典粒子的總能量可以表示成動能與位能之和：

$$E = p^2/2m + V$$

　　將總能量表達式中的動量 p 及位能 V，代之以相應的量子算符，就可得到這個粒子（系統）對應的量子力學能量算符。然後，將此總能量算符表達式作用在電子的波函數上，一個單電子的薛丁格方程式便可以被寫成如下具體形式：

$$-\frac{\hbar^2}{2m}\nabla^2\psi(r,t) + V(r)\psi(r,t) = i\hbar\frac{\partial}{\partial t}\psi(r,t)$$

　　上述薛丁格方程式是「非相對論」的，因為我們是從粒子「非相對論」的能量動量關係出發得到了它。所以，薛丁格方程式有一個不足之處：它沒有將狹義相對論的思想包括進去，因而只能用於非相對論的電子，也就是只適用於電子運動速度遠小於光速時的情形。考慮相對論，

粒子的總能量關係式應該是

$$E^2 = p^2c^2 + m^2c^4$$

薛丁格曾經試圖用上述相對論總能量公式來建立方程式。但因為其左邊是 E 的平方，相應的算符便包含對時間的二階偏導函數，這樣構成的方程式實際上就是後來的克萊恩 - 戈登方程式。但是，薛丁格從如此建造的方程式中，沒有得到令人滿意的結果，還帶給人們所謂負數機率的困惑。後來，狄拉克解決了這個問題，此是後話。

● 8.4　薛丁格的貓　弄拙反成巧

薛丁格方程式是薛丁格對量子力學的最大貢獻，但廣大民眾知道薛丁格的名字，或許是因為許多量子力學科普讀物中經常描述的「薛丁格的貓」！

薛丁格的貓，是薛丁格於 1935 年在一篇論文中提出的一個悖論，也被稱為「薛丁格悖論」，實際上，是一個思想實驗。

薛丁格於 1926 年創立了薛丁格方程式，成功地解出了氫原子的波函數，這是一個十分難得、非常美妙的解析解，比波耳模型更為精確地解釋了實驗中得到的光譜數據及精細結構常數的意義等。雖然再要找其他更多的解析解難之又難，但對氫原子的成功，使人們相信新量子論，即量子力學的正確性。

電子既是粒子，又是波。粒子的運動規律用牛頓定律描述，「粒子波」的運動規律用薛丁格方程式描述。牛頓方程式的解 x（t），是空間位置 x 隨時間變化的一條曲線，顯示粒子在空間運動的軌道。薛丁格方程式的解 ψ（x，t），是一個空間及時間的複數函數「波函數」。牛頓經典軌道 x（t）只是一條線，量子波函數解 ψ（x，t）卻彌漫於整個空間。

粒子軌道的概念容易被人接受，但對波函數的解釋卻眾說紛紜。

因此，儘管有了波函數，對它的解釋卻成了問題。薛丁格自己曾經想把它解釋為電荷的分布函數，這個想法，連他自己都覺得不現實。

在對量子論的態度上，薛丁格與普朗克和愛因斯坦有類似之處，他們都是量子思想的奠基者，但又是被經典哲學牢牢捆住的「老頑固」。革命的科學精神引領他們不停地披荊斬棘，開墾處女地，但開墾地上長出來的果實又狠狠地給他們腦袋重重一擊！將腦海中許多固有的經典觀念敲得咚咚響。

薛丁格在愛因斯坦的推動下建立了波動力學，解出了波函數，回過頭來卻不知其為何物，即便有玻恩、波耳等提出機率解釋、「哥本哈根詮釋」等，他們倆卻接受不了。哥本哈根一派人物用「疊加態」來解釋頗顯奇妙的量子現象。

那麼，什麼是「疊加態」？根據我們的日常經驗，一個物體某一時刻，總會處於某個固定的狀態。例如，我說：女兒現在「在客廳」裡。或是說：女兒現在「在房間」裡。女兒要麼在客廳，要麼在房間，這兩種狀態，必居其一。這種說法再清楚不過了。然而，在微觀的量子世界中，情況卻有所不同。微觀粒子可以處於一種所謂「疊加態」的狀態中，這種疊加狀態是不確定的。例如，電子可以同時位於兩個不同的地點 A 和 B，甚至位於多個不同的地點。也就是說，電子既在 A，又在 B。電子的狀態是「在 A」和「在 B」，兩種狀態按一定機率的疊加。物理學家們把電子的這種混合狀態，叫做「疊加態」。如果把疊加態概念用到經典例子，就是說：女兒既在房間又在客廳。

薛丁格覺得這種說法很可笑，於是，他在 1935 年發表了一篇論文，設計了一個思想實驗，在這個實驗中，他把量子力學中的反直覺思考轉嫁到日常生活中的事物上來，試圖將微觀不確定性變為宏觀不確定性，

微觀的迷惑變為宏觀的悖論，也就是說，將微觀世界中疊加態的概念轉嫁到「貓」的身上，如此而導致一個荒謬的結論：一隻現實世界中不可能存在的「又死又活」的恐怖的貓！

　　薛丁格想以此來嘲笑波耳等人對量子物理的統計解釋，但反而向大眾科普了量子論的基本思想，即疊加態的概念。按照量子理論：如果沒有揭開蓋子進行觀察，薛丁格的貓的狀態是「死」與「活」的疊加。此貓將永遠處於同時是死又是活的疊加態。這與我們的日常經驗嚴重相違。一隻貓，要麼死，要麼活，怎麼可能不死不活、半死半活呢？這個聽起來似乎荒謬的物理理想實驗，卻描述了微觀世界的真實現象。它不僅在物理學方面極具意義，在哲學方面也引申了很多的思考。

　　這隻貓的確令人毛骨悚然，使得相關的爭論一直持續到今天。連當今著名的物理學家霍金也曾經憤憤地說：「當我聽說薛丁格的貓的時候，我就想跑去拿槍，乾脆一槍把貓打死！」

　　在宏觀世界中，既死又活的貓不可能存在，但許多實驗都已經證實了微觀世界中疊加態的存在，以及被測量時疊加態的塌縮。透過薛丁格的貓，人們認識到微觀現象與宏觀之不同，微觀疊加態的存在，是量子力學最大的奧祕，是量子現象帶給人神祕感的根源，是我們了解量子力學的關鍵。

8.5　出版《生命是什麼》跨界物理和生物

　　薛丁格還寫過一部生物學方面的書和許多科普文章。1944 年，他出版了《生命是什麼》一書。此書中薛丁格自己發展了分子生物學，提出了負熵的概念，他想透過物理的語言來描述生物學中的課題。之後發現了 DNA 雙螺旋結構的詹姆斯‧D‧華生（James D. Watson, 1928-）與弗

朗西斯・克里克（Francis Crick, 1916-2004），都表示曾經深受薛丁格這本書的影響 [11]。

　　科學界有一句玩笑話，說在物理學家看來，所有的問題都是物理學的問題。事實上，這句話也不是沒有道理，物理學是研究大自然基本規律的科學，大自然包括了萬物。既然生命體系是大自然的一部分，那就當然也逃不掉最基本的物理定律。

　　薛丁格是一位物理學家。他也希望從物理學的角度去理解生命是什麼，認為物理學能夠對理解生命的本質提供獨特的啟發。

　　在薛丁格的時代，科學家還沒有完全理解遺傳的物質基礎是什麼。當時的技術條件僅僅能辨別染色體，人們還不知道 DNA 的內部組成成分，不知道遺傳物質是核酸。但薛丁格覺得，物理學的研究方法一定能對理解生命的本質有幫助。所以他寫了那本書，果然影響了後人對 DNA 的發現，之後也促進了物理生物學的發展，至今也還有一定的意義。

　　薛丁格在書中還提出了另一個「負熵」的革命性觀點。熱力學第二定律認為熵增是一個自發的由有序向無序發展的過程，最終將歸於熱寂。然而，生命現象卻能夠生生不息，不斷地做到從無序到有序。當時薛丁格的觀點是，生命體處於一個開放狀態下，不斷地從環境中汲取「負熵」，使得有機體能成功地消除當它自身活著的時候產生的熵。普里高津（Ilya Prigogine, 1917-2003）後來提出了「耗散結構」，試圖解釋無序如何能達到有序，至今，這些仍然是熱門的研究課題。未來的生命科學，將和物理、化學、工程等結合交叉在一起，實現薛丁格的願望。

9　協建矩陣力學奠基量子論
提出機率詮釋解釋波函數

　　當年的量子江湖上派別林立、人物眾多，如果就地域而言有三大巨頭：哥本哈根的波耳、慕尼黑的索末菲和哥廷根的玻恩。波耳和索末菲都已經寫過了，德國物理學家馬克斯・玻恩（Max Born, 1882-1970）也是我們前文經常提到的人物，此節再來專門寫寫他（圖 9-1）。

圖 9-1　馬克斯・玻恩

9.1　矩陣力學奠基新量子論

其實有人認為，玻恩才是量子力學的真正奠基人，這句話不無道理。首先，是玻恩在 1924 年的文章裡呼喚新量子論的出現。然後，量子力學（新量子論）最早開始於矩陣力學，而不是薛丁格方程式。玻恩在矩陣力學的建立中起了關鍵的作用。再則，薛丁格方程式與矩陣力學是等價的，無論是方程式解出的波函數，還是矩陣算符，都需要解釋其物理意義。最能被人接受的解釋是玻恩提出的機率解釋。

三大巨頭有他們各自的擅長之處。

波耳研究所中年輕人多，朝氣蓬勃，無框架束縛，最能接受新的哲學思想，可被稱為革命派。毫無疑問，創立新量子力學理論需要革命派。開爾文爵士在祝賀波耳 1913 年建立氫原子模型時的一封信中承認，波耳論文中很多新東西他不能理解，開爾文有句話說得十分深刻，其大意是，基本的新物理學必將出自無拘無束的頭腦！

新理論也需要像索末菲這樣的物理學和數學皆通的、首屈一指的好老師！索末菲在慕尼黑大學的物理中心，被譽為理論物理學家的搖籃，孕育出了許多優秀的物理學家，因此，慕尼黑一派為物理幫。

而玻恩所在的哥廷根大學，以堅實的數學基礎著稱，則可算作數學幫。

玻恩出生於德國布雷斯勞（現在屬於波蘭）的一個猶太家庭。父親是大學的解剖學教授。玻恩大學畢業後進入哥廷根大學攻讀博士，在那兒結識了 3 位偉大的數學家：費利克斯・克萊因（Felix Klein, 1849-1925）、大衛・希爾伯特（David Hilbert, 1862-1943）與赫爾曼・閔考斯基（Hermann Minkowski, 1864-1909）。在這 3 位數學大師指導下，玻恩得到非常好的數學訓練。3 位數學家中，克萊因的專長是非歐幾何和群論；

希爾伯特和他的學生為量子力學和廣義相對論的數學基礎做出了重要的貢獻；閔考斯基是四維時空理論的創立者，以閔考斯基時空知名。在哥廷根大學，年輕有為、活力四射的玻恩，很快就得到希爾伯特的賞識，被他選擇為講課時的抄錄員，記錄課堂筆記。這個平凡又特別的工作使得玻恩與希爾伯特有很多單獨交流的機會，後來，希爾伯特成為玻恩的正式博士生導師。

當玻恩 1908 年得知愛因斯坦的狹義相對論後，十分感興趣。閔考斯基邀請他回哥廷根大學，共同研究相對論。也就是這次機會，使玻恩了解到矩陣代數，以方便處理閔考斯基的四維時空矩陣。但不幸閔考斯基突發闌尾炎去世而使這次合作在短短的 1 個月後便中斷了。1915 年，玻恩成為柏林大學副教授，在那裡與愛因斯坦結為密友。他們的友誼，經歷了物理哲學觀點的分道揚鑣，以及戰爭動盪年代的考驗，延續了 40 年，有他們的幾百封書信為證 [12]。

玻恩對量子力學的研究是從晶體研究開始的。玻恩集中精力研究晶體結構，並把愛因斯坦的狹義相對論推廣到晶體中電子的運動。

玻恩曾經與之後轉向航天技術的馮・卡門（Theodore von Kármán, 1881-1963）合作研究固體的熱容量，把量子論推廣到固體熱容量問題。後來，玻恩應用波耳半量子化的理論研究晶體，得出一些與實驗相違背的結果，這使玻恩確信舊量子論存在嚴重問題，必須重建新理論。從以下玻恩給愛因斯坦幾封信的隻言片語中，可以看出一點玻恩和他的團隊思考及研究，最後建立新理論的過程 [12]。

1921 年，玻恩寫給愛因斯坦「量子理論，毫無希望，一團糟」，表現出他無比困惑的情緒。

1923 年，玻恩在寫給愛因斯坦的信中說：「一切如常，唯研究量子論，欲尋一計解氦原子也。」他仍然困惑，但似乎有了研究方向。

1925 年，玻恩說：「約爾旦與我正考究經典中多週期系統，欲解量子化原子間之對應關係也。今有一文將發，此文欲解非週期場問題。」他看起來有了一點進展，發表了文章。

1925 年 7 月 15 日，玻恩說：「海森堡將新發論文，望之甚祕，必然真切而深刻也！」海森堡的研究帶來了希望，玻恩的興奮之情溢於言表。

1925 年 7 月、9 月、11 月，玻恩等分別發表了「一人文章」、「兩人文章」、「三人文章」，象徵著新量子論的誕生。

9.2　機率解釋波函數

玻恩等人對量子力學的貢獻巨大，但矩陣力學的運氣不太好，剛一出生就碰到了薛丁格的「波動力學」這匹黑馬。

儘管物理學家們一直在期待著新量子理論，但「三人數學幫」建立的矩陣力學使他們感覺討厭，因為他們從來沒見過這種東西！其實從現在我們這一代人的觀點來看，矩陣運算也未必見得比微分方程式更困難。

當年的愛因斯坦也是這樣，盡量不接受新的、他認為頗為「古怪」的數學。矩陣和複數，在愛因斯坦那裡不怎麼受待見。例如，對愛因斯坦的狹義相對論，閔考斯基引入了虛值時間座標，又將時間和空間寫在一起，成為四維時空的一個整體，數學上看起來很漂亮，固然也少不了複數矩陣運算。但愛因斯坦本人卻曾經感嘆地說：「閔考斯基把我的相對論弄得連我自己都看不懂了！」

剛開始，愛因斯坦對玻恩等人矩陣力學的反應還是積極熱情的，因為僅此一物，別無他求！他在 1926 年 3 月 7 日給玻恩的信中表達了這點。

但緊接著，新量子理論的發展令人目不暇給，薛丁格於 1926 年接二連三
發出的「砲彈」讓物理學家們欣喜若狂：太好了！終於有了用物理學家
們熟悉的方式表達的量子力學。他們認為，微分方程式使用起來比矩陣
更加習慣和方便。真實的原因是，牛頓力學和馬克士威方程式都是用微
分方程式描述的。

　　當時，既有了矩陣力學，又有了波動方程式，在表面看起來，矩陣
力學是將電子當「粒子」看待，波動力學是將電子當「波動」看待，但
是，薛丁格和狄拉克都證明了，兩種表述在數學上是等效的。因此，實
際上，量子力學的數學形式，已經包含了「波粒二象性」在內。矩陣力
學外表描述粒子，將波動性隱藏其中；薛丁格方程式則相反，波動性顯
示在外，而將粒子性隱藏起來。

　　無論如何，量子力學兩套「綱領」的存在使得各路人馬的關係逐漸
變得有點微妙起來。

　　海森堡等的矩陣力學，課題是來自於玻恩的晶體研究，而解決問題
的思想是基於愛因斯坦有關「可觀測量」的概念，以及波耳對應原理的
哲學思考。最後的數學方法又是由玻恩和約爾旦提供並共同完成的。後
來，薛丁格方程式出來之後，人們都奔它而去，求解方程式，解釋結
果，將矩陣力學冷落在一邊。海森堡和約爾旦出於年輕人的熱情，自然
地要為捍衛自家創造的獨門功夫「矩陣力學」而戰。特別是海森堡，對
玻恩產生了些許不滿情緒，心想：連你也去湊熱鬧，對人們不知如何解
釋的波函數提出什麼「機率解釋」！為此，海森堡還曾經寫信給玻恩，
譴責他背叛了矩陣力學。不過，這種對兩種綱領不同喜好造成的分歧，
很快便被另外一種分歧代替了。

　　大度的玻恩的確沒有那種狹隘心態，他以同樣欣賞的態度接受了薛
丁格的理論，玻恩既承認微觀客體的波動性，也堅持主張其粒子性。那

麼，他如何將兩者統一起來呢？這就是他基於對原子系統內碰撞問題的研究而對波函數給出的機率解釋。

按照玻恩的觀點，電子仍然是粒子，波函數給出的，是電子在空間某處的機率幅。機率幅的平方，決定了電子出現於空間這個點的機率。

玻恩的機率解釋不被愛因斯坦接受，原來曾經支持矩陣力學的愛因斯坦很快地轉向了新量子論的反對方。在 1926 年 12 月 4 日給玻恩的信中，愛因斯坦第一次表達了他的「上帝不擲骰子」的觀念：

量子力學固可讚，而吾聞內聲：其說多言，其理非真也！無使我更近自然之奧祕！無論如何，上帝不擲骰子……

9.3　對易關係和不確定性原理

玻恩這種承認新量子論內在統計隨機性的理念，與普朗克、愛因斯坦、德布羅意，還有薛丁格本人的觀點直接牴觸，但卻被哥本哈根的革命派接受，發展成為對量子力學的哥本哈根詮釋。

海森堡在與玻恩等共同建立矩陣力學時，已經是波耳手下的一員，受一群年輕革命派同行的影響，積極思考如何解釋新量子論的問題。他已經不再明顯地牴觸波動方程式，轉而只在自己的看家本領上下功夫，畢竟矩陣力學和薛丁格方程式這兩種綱領是等價的。

海森堡於 1927 年提出的不確定性原理是矩陣力學中對易關係的延伸。

$$[x,p]=xp-px=\mathrm{i}\,\hbar$$

上面的對易關係公式，實際上是玻恩發現的，卻被海森堡發展成了著名的不確定性原理。矩陣力學可以說是由 3 個人共同創建，而這個對

易關係卻只是玻恩一個人的功勞，最後的成果全部記到了海森堡名下！為此，玻恩只能默默地嚥下苦水，留下遺願讓後人將這個式子刻在他的墓碑上（圖 9-2）。

圖 9-2　玻恩墓碑

　　總體來說，玻恩對自己的學術貢獻是滿意的，但他也為自己一直沒有獲得諾貝爾獎而抱怨過。愛因斯坦雖然不滿意玻恩的機率解釋，仍然於 1928 年提名海森堡、玻恩、約爾旦三人為諾貝爾獎候選人（因創建矩陣力學）。但是不知為何，最後只有海森堡一人於 1932 年獲獎。連海森堡自己都為此感到不安，致信玻恩表達他的遺憾，認為玻恩和約爾旦的貢獻不會被這個「外部的錯誤決定」所抹殺。

　　玻恩直到 1954 年終於因為他提出的波函數機率解釋而得到諾貝爾物理學獎。

9.4　鍾情於晶格動力學

晶格動力學是玻恩縱貫一生的研究領域，上面說過，矩陣力學也是從與此相關的研究課題中建立起來的。愛因斯坦曾經高度評價玻恩在晶體研究方面的工作：

玻恩和德拜是最重要的。他對晶格動力學的系統研究代表了我們對固體過程理解的巨大進展……

玻恩曾經與馮・卡門一起研究結晶學。後者轉變研究方向後，玻恩則因「偏愛原子理論，決心系統地建立晶格動力學理論」而繼續晶體研究課題，結果成了量子力學的奠基人之一 [13]。

著名物理學家莫特（Sir Nevill Francis Mott, 1905-1996）認為玻恩在結晶學領域有「諾貝爾獎水準的成就」。

玻恩還有一個特別的貢獻，是對東方物理學家們的巨大影響。中國著名理論物理學家彭恆武是他的博士生。玻恩的最後一部純科學著作《晶格動力學理論》，是與當年在英國留學的中國著名物理學家黃昆合著的。該書當年在牛津出版，一直是這一領域的權威性著作之一 [14]。玻恩還對其他幾位中國物理學家有影響，此是後話，在此不表。

玻恩 1970 年 1 月 5 日逝世，享壽 87 歲。

10　把玩數學狄拉克惜字如金
假設能海正電子預言成真

那是 1925 年，玻恩和約爾旦剛剛從海森堡的計算中得出了許多好結果，卻收到一個他不知道的年輕英國物理學家撰寫的論文副本。這人名叫保羅·狄拉克（Paul Dirac, 1902-1984）。緊接著，狄拉克發表了他量子力學的第一篇論文，令玻恩驚訝的是，其中已經包含了比他和約爾旦在文章中使用的更為抽象的數學語言。

原來狄拉克是從海森堡得花粉過敏後，去劍橋訪問時作的一個小型報告中得知矩陣力學的，狄拉克散步時，腦海中總在盤旋著海森堡那個奇怪的乘法規則 $p \times q \neq q \times p$，並且聯想起了經典的帕松括號，與此不是很相似嗎？

所以，實際上，量子力學當初是由三輛馬車拉著誕生的 —— 海森堡、薛丁格、狄拉克。儘管當年，狄拉克的知名度似乎不如海森堡和薛丁格，但這個年輕的英國人很快就在量子江湖上嶄露頭角。

10.1 「狄拉克單位」

狄拉克出生於英國的布里斯托，他的風格是以精確和沉默寡言而著稱（圖 10-1）。你聽過「狄拉克單位」嗎？它不是狄拉克在物理學中的創造，而是當年劍橋大學的同事們描述狄拉克時所開的善意的玩笑，因為他們將「1 小時說 1 個字」定義為 1 個「狄拉克單位」，來描述狄拉克的寡言少語。

狄拉克的母親是英國人，父親是來自瑞士的移民。他的父親是一位法語教師，對家人嚴厲而專制，例如，他規定孩子們要說法語，使得家人之間交談極少，家中氣氛並不和諧。父母與兄弟姐妹零交流的場景，小狄拉克司空見慣，甚至還以為每個家庭都如此！狄拉克和哥哥費利克斯曾經同在一所大學學工程學，兄弟倆街頭碰見，擦肩而過也互不言語。直到後來，1925 年，哥哥因憂鬱症自殺身亡，這引發了父母的極度悲傷，才第一次深深地觸動了狄拉克，方知不言不語的家人之間，心中尚有真情在！

圖 10-1　沉默寡言的狄拉克

狄拉克惜字如金的習慣，使他的文章形成特殊的風格：言簡意賅，沒有廢話。這點楊振寧先生在他的文章和演講中經常多次提到。楊先生

在他的《美與物理學》一書的文章中說 [15-16]，狄拉克的文章給人「秋水文章不染塵」的感受……在另一個場合，楊先生又用高適在〈答侯少府〉中的詩句「性靈出萬象，風骨超常倫」來描述狄拉克方程式和反粒子理論。他認為狄拉克方程式確實包羅萬象，而又能讓人感受到其中噴發而出的靈感 [17]。

　　狄拉克特別追求物理規律的數學美，比較科學和詩，他有一段精彩評論，令人聽後不由得莞爾一笑。他說：「科學是以簡單的方式去理解困難事物，而詩則是將簡單事物用無法理解的方式去表達，兩者是不相容的。」海森堡與狄拉克個性迥異，海森堡喜歡社交，在晚會上經常與女孩子跳舞，狄拉克靜坐旁觀後，問海森堡為何這麼喜歡跳舞，海森堡說：「和好女孩跳舞是件很愉快的事啊！」狄拉克聽後沉思無語，好幾分鐘之後冒出一句似乎與量子力學之「測量」以及「不確定性關係」有點關聯的話：「還未測試，你如何能判定她是或不是好女孩呢？」圖 10-2 為狄拉克與海森堡的合影。

圖 10-2　狄拉克（左）和海森堡（右）

　　狄拉克不僅言稀語少，文不染塵，性情品格也是超脫不群，幾乎是一位獨一無二的「純潔」科學家！當他獲知自己獲得了 1933 年的諾貝爾物理學獎時，對拉塞福說，他不想出名，想拒絕這個獎。拉塞福對他說：「你如果拒絕了，更會出名，別人會不停地來煩你。」聽了拉塞福的話，狄拉克才欣然前往，在領獎典禮上作了一個「電子和正電子理論」的報告。據說英國皇室曾經冊封狄拉克為騎士，可是狄拉克卻拒絕了，只因為他不想讓自己的名字加上一個前冠。

　　有一次，狄拉克作完報告後讓學生提問題，一個學生說：「你黑板上那個方程式我看不懂。」狄拉克半天不作聲，主持人提醒他「請回答問題」，狄拉克卻說：「他的話是一句評論，不是問題！」

　　狄拉克是一個純粹的真正學者型人物，波耳曾說：「在所有物理學家中，狄拉克擁有最純潔的靈魂。」他除了不說廢話之外，物質生活上也極為簡單，不喝酒、不抽菸，只喝水，在飲食方面別無他求，其他方面的興趣也很少，最大的業餘愛好就是「散步」[18]。

　　狄拉克在散步中，散出了若干項成果，有數學的、物理的、工程學的。即使就在量子力學範圍內，也有方程式、有符號、有預言，可謂不勝枚舉。下面我們不按時間順序，先介紹一個簡單的。

10.2　狄拉克 δ 函數

　　學物理和工程學的，沒有不知道狄拉克 δ 函數的。如圖 10-3 所示，δ 函數最為簡單直觀的定義，由如下兩點特性表述：

　　(1) 零點為無窮大，其他都是零的實數變數函數；

　　(2) 整個函數在實數軸上積分為 1。

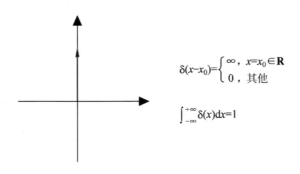

$$\delta(x-x_0)=\begin{cases} \infty, & x=x_0\in\mathbf{R} \\ 0, & \text{其他} \end{cases}$$

$$\int_{-\infty}^{+\infty}\delta(x)\mathrm{d}x=1$$

圖 10-3　狄拉克 δ 函數

　　如將 δ 函數用在許多具體運算上，你會覺得它十分好用，甚至會感到非常美妙，讓你真切地體會到狄拉克本人無比欣賞的「數學之美」！舉一個狄拉克名言，以說明他對數學美的極端追求。在 1963 年《美國科學人》的一篇文章中，他寫出如此超凡脫俗的話：「使一個方程式具有美感比使它去符合實驗更重要！」

　　狄拉克是在發展量子力學的過程中使用狄拉克 δ 函數的。狄拉克形式地將帕松括號拆開，創造了表示量子態的著名的左矢「⟨|」、右矢「|⟩」等「狄拉克符號」，並以此發展出一個漂亮的量子力學符號運算體系，最終導致馮紐曼（John von Neumann, 1903-1957）提出用抽象的希爾伯特向量空間來建構量子理論的數學基礎。

　　事實上，狄拉克並不是第一個想到類似 δ 函數的，早在 1827 年，柯西（Augustin-Louis Cauchy, 1789-1857）就首次明確地寫過一個「無限高的單位脈衝函數」。狄拉克是為了更為方便地讓人們使用希爾伯特向量空間中的線性算子，將空間中的向量表示成特徵向量的線性組合。在他的《量子力學原理》一書中，第一次正式將 δ 函數寫成如今的形式。因此，後來大家就稱其為狄拉克 δ 函數。

　　也許只有像狄拉克這樣集物理學家、數學家、工程師於一身的人，

才有膽量創造出如此美妙的「函數」，以至於大大驚動了研究數學的人們，不想承認這個不符合經典函數理論的怪異函數！不過，最終，δ函數在物理和工程學中被眾人喜愛且被廣為應用，成為科學家和工程師們處理不連續情形時最強有力的工具。這時候，數學家們才來緊跟著忙碌了一陣子，就此而讓它嚴格化，使它成為最早定義的「廣義函數」，並由此也幫助了數學家們，開創了泛函分析這個函數論發展中的重要分支。這個事實再一次證明：物理學家「離經叛道」發明的數學工具，往往能夠出其不意地推動數學的發展。

據狄拉克聲稱，大學時代接受的工程學教育對他的研究工作影響深遠，使他明白了做科學研究時要「容許近似」。近似的理論照樣表現出驚人的「數學美」，狄拉克δ函數即為一例。

10.3　狄拉克方程式

1933年，狄拉克與薛丁格分享諾貝爾物理學獎，因為他們都為量子力學建立了方程式：狄拉克方程式和薛丁格方程式[19]。

薛丁格一開始是想建構一個相對論性的方程式（即後來的克萊恩-戈登方程式），但他沒成功。不過薛丁格很聰明，退而求其次，根據牛頓力學中能量-動量的關係，首先弄了個非相對論的方程式，這就是著名的薛丁格方程式。薛丁格方程式在低能區域非相對論的條件下，居然還出奇地好用，解決了微觀世界的許多物理難題。

最終解決粒子的相對論性波動方程式問題的是狄拉克。狄拉克方程式又一次表現出這位天才學者追求的數學美，他將粒子的自旋內涵，自動地包括在方程式中！

狄拉克想，如果從相對論經典粒子應該滿足的能量動量關係式出發：

$$P^2c^2+m^2c^4 = E^2$$

將 E 和 P 換成量子力學中的微分算符的話，便得到下面的方程式：

$$\frac{1}{c^2}\frac{\partial^2}{\partial t^2}\psi - \nabla^2\psi + \frac{m^2c^2}{\hbar^2}\psi = 0$$

這就是克萊恩 - 戈登方程式，但人們發現它實用價值不大，還會導致解釋不通的負機率和負能量問題。這是為什麼呢？狄拉克敏銳地感覺到，問題出在時間的二階微分上。狄拉克異想天開：為什麼不將微分算符進行一個開平方運算呢？

$$\text{Sqrt}\ (P^2c^2+m^2c^4) = E$$

狄拉克還真就這麼「形式上」地做了，於是便得到了著名的狄拉克方程式

$$(-\,\mathrm{i}\boldsymbol{\alpha}\cdot\nabla+\beta m)\psi = \mathrm{i}\frac{\partial\psi}{\partial t}$$

這裡　$\boldsymbol{\alpha} = \begin{bmatrix} 0 & \boldsymbol{\sigma} \\ \boldsymbol{\sigma} & 0 \end{bmatrix},\quad \boldsymbol{\beta} = \begin{bmatrix} \boldsymbol{I} & 0 \\ 0 & -\boldsymbol{I} \end{bmatrix}$

σ 是包立矩陣；I 是單位矩陣

$$\boldsymbol{\sigma}_1 = \begin{bmatrix} 0 & 1 \\ 1 & 0 \end{bmatrix},\quad \boldsymbol{\sigma}_2 = \begin{bmatrix} 0 & -\mathrm{i} \\ \mathrm{i} & 0 \end{bmatrix},\quad \boldsymbol{\sigma}_3 = \begin{bmatrix} 1 & 0 \\ 0 & -1 \end{bmatrix}$$

狄拉克方程式的優越性是將相對論和電子自旋自動地隱含其中。

10.4　狄拉克之海

　　狄拉克對量子理論的貢獻可說是無與倫比。他在 1925 至 1927 年間所做的一系列工作為量子力學、量子場論、量子電動力學及粒子物理奠定了基礎。

　　狄拉克喜歡單獨一人玩數學，擺弄方程式，量子力學在他神奇的手中玩來玩去，最終被極為美妙地數學化、形式化。他將眾物理學家們養大的這個「量子妖精」，用邏輯清晰、簡潔而奇妙的數學理論，裝扮成了一個清純美麗的天使。

　　狄拉克在 1928 年發表了他的相對論性電子運動方程式，即上面介紹的狄拉克方程式，實現了量子力學和相對論的第一次綜合。這個方程式不會像克萊恩 - 戈登方程式那樣，導致負數機率的出現，並且與電子快速運動的實驗符合得很好，得到物理學界的認可。

　　狄拉克方程式中，將旋量的概念引進量子力學，之前一年，包立也曾經用「旋量」來解釋電子的自旋，但狄拉克透過狄拉克方程式，更系統、更美妙地描述了電子這個極其重要的內含性質，充分體現出量子理論的「數學美」。

　　不過當時，狄拉克方程式的解中，仍然有一個結果令狄拉克困惑。這點和克萊因 - 戈登方程式一樣，會導致電子可以具有「負能量」狀態的荒謬結論。因為如果存在這種狀態的話，所有的電子便都可以透過輻射光子向真空中這個最低能態躍遷，這樣一來，整個世界應該會在很短的時間內毀滅。為了克服這一困難，狄拉克發揮了他天才的想像力，他想像我們世界所謂的「真空」，已經被所有具有負能量的電子填滿了，只是偶爾出現一兩個「空洞」。因為最低能量態已經填滿了，電子便不可能躍遷，由此而避免了世界毀滅的結論。他給這個被負能量電子填滿

了的真空，取名叫做狄拉克之海（Dirac sea）。而狄拉克海中偶爾出現的「空洞」泡泡又是什麼呢？狄拉克說，那些空洞應該在所有方面都具有和負能量的電子相反的性質，那就是說，一個「空洞」，應該是一個電荷為正、能量為正的粒子。如果我們世界中的正能量電子，碰到這樣的「空洞」，就會輻射光子而向這個偶然出現的負能量躍遷，最後結果是電子沒有了，空洞也沒有了，它們的能量轉換成了光子的能量。說到這裡，很多讀者都想到了，這就是我們現在所說的電子碰到正電子時，發生的「湮滅」現象。那麼，「空洞」不就是物理學家們後來稱之為正電子的東西嗎？

當時的狄拉克也許只是為了追求他的理論的數學美，而做出的能自圓其說的美麗假設。可沒想到，在 1932 年，從美國加州理工學院傳來一條令人吃驚的消息：卡爾‧戴維‧安德森（Carl David Anderson, 1905-1991）在研究宇宙射線的雲室裡，發現了一種與狄拉克假設的「空洞」一模一樣的新粒子 —— 正電子！這是人類第一次發現的反物質。

狄拉克的負能量電子海假設，預言了正電子，啟發人們對其他反物質的設想，也使科學家們對真空重新思考。狄拉克之海與反粒子預言是現代理論物理最高成就之一，這項成果來自數學的力量，來自狄拉克追求的數學美。1970 年，將近 70 歲的狄拉克受聘來到美國佛羅里達州立大學，14 年後，他長眠於佛羅里達，留下他畢生追求的數學美照耀人間。

第三篇　偉人糾纏（波愛辯論）

　　在量子力學理論及應用上，都取得了成功的同時，對其如何解釋和詮釋，卻是讓物理學界充滿爭議。自從愛因斯坦強烈反對，並提出量子力學是不完備的理論以來，補充或替代理論的追尋也從未停止。可以說直至今天，也仍然是眾說不一。幾十年間，波耳和愛因斯坦的數次論戰中，兩位創始人堅持不同觀點。誰也說服不了誰！分歧一直延續到現在，物理大師們對量子力學的理解仍然未能統一。

11　波茲曼創統計力學
得意門生步大師後塵

　　在介紹著名的世紀大戰「玻愛之爭」之前，讓我們再往前追溯一下量子思想的淵源。人們通常說的是，牛頓之後一片晴空，直到兩朵小烏雲導致經典物理之革命，其中的量子革命始於普朗克解決黑體輻射問題。這是歷史事實。不過，牛頓到普朗克及愛因斯坦之間，還相隔了200多年，這段時期，物理學家不會閒著！如果仔細考察，在大框架之下，某些時候仍見「暗流洶湧」，與量子革命相關的暗流是熱力學及統計物理的發展。因此，本節我們介紹兩位先後走向自殺道路的統計物理學家師徒倆──波茲曼和他的學生埃倫費斯特（圖 11-1）。

圖 11-1　波茲曼（左）和埃倫費斯特（右）

11.1　波茲曼建立統計力學

　　1906 年 9 月 5 日那個陰晦的下午，一位偉大的物理學家，在義大利渡假的旅店裡，因情緒失控而自縊身亡。他就是熱力學和統計物理的開山鼻祖 —— 路德維希 · 波茲曼（Ludwig Boltzmann, 1844-1906）。當年的大多數物理學家們不見得願意提起波茲曼的死因，因為這當中居然涉及學術界一段長久的論戰紛爭。

　　但就個人因素而言，波茲曼之死與其性格有關，他孤僻內向，患有嚴重的憂鬱症。當年的波茲曼沉浸在他的「原子論」與奧斯特瓦爾德（Wilhelm Ostwald, 1853-1932）的「唯能論」不同見解的爭論中。實際上，這場論戰是以波茲曼的取勝而告終。但是，長長的辯論過程使波茲曼精神煩躁，不能自拔，痛苦與日俱增，最後只能用自殺來擺脫心中的一切煩惱。圖 11-2 是波茲曼與同事的合影。

圖 11-2　波茲曼（中）和同事們

波茲曼一生與原子結緣，但他不是如同湯姆森、拉塞福、波耳那樣為單個原子結構建造模型，他研究的是大量原子、分子聚集在一起時的統計規律，即這些粒子的經典統計規律。

波茲曼最偉大的功績，就是發展了透過原子的性質來解釋和預測物質的物理性質的統計力學，並且從統計概念出發，完美地闡釋了熱力學第二定律。

他研究分子運動論，其中包括研究氣體分子運動速度的馬克士威 - 波茲曼分布，基於經典力學的研究能量的馬克士威 - 波茲曼統計和波茲曼分布。它們能在非必須量子統計時解釋許多現象，並且更深入地揭示溫度等熱力學系統狀態函數的物理意義。

波茲曼關於統計力學的研究，為他在物理學的巨人中贏得了一席之地。正是在波茲曼及馬克士威等人創立的經典統計方法之基礎上，玻色、愛因斯坦、費米、狄拉克等人建立了量子統計規律。量子統計涉及全同粒子、自旋波函數、費米子、玻色子等概念，在量子力學的發展過程中尤其重要。

波茲曼的工作不僅僅擴展到後來的量子統計，當時還直接影響到舊量子論的建立。普朗克受到波茲曼的影響，在進行關於黑體輻射量子論工作時，他得出輻射定律的理論推論中，便使用了波茲曼的統計力學，儘管他此前曾表示「厭惡熱力學」。愛因斯坦在發表光電效應及狹義相對論的同一年，發表了一篇有關布朗運動的論文，也是在波茲曼統計觀念啟發下的成果。導致量子概念的黑體輻射研究本來就是熱力學課題。因此可以說，如果沒有波茲曼在熱力學、統計物理及原子論方面的貢獻，不可能有包括量子理論在內的現代物理學。

● 11.2　波茲曼捍衛原子論

波茲曼的分子運動論是在預設原子和分子確實存在前提下建立的。

如今我們把原子、分子的存在當作理所當然的事，波耳對量子論的貢獻也正是基於原子模型上的。但在一兩百年前卻不是這樣的，儘管道耳吞（John Dalton, 1766-1844）1808 年在他的書中就描述了他想像中物質的原子和分子結構，但是這種在當時看不見、摸不著的東西沒有多少人真正相信。一直到道耳吞之後過了八九十年的波茲曼時代，他還在為捍衛原子理論與「唯能論」的代表人物做艱苦鬥爭。

所謂「唯能論」是什麼意思呢？在 18 世紀的分析力學急速發展後，能量的概念深入人心，力的概念幾乎被拋棄，恩斯特・馬赫及奧斯特瓦爾德等便認為，既然能量這麼好，那我們為什麼不把所有理論都建立在「能量」這個概念上呢？也就是說，他們認為沒有物質（原子）只有能量，這就是唯能論！那時候沒有電子顯微鏡，誰也沒看見過原子。原子論的反對者們當年常說的一句話是：「你見過一個真實的原子嗎？」

當時的波茲曼當然也無法看見原子，但他憑著自己的物理直覺，相信原子的存在，認為物質由分子和原子組成。波茲曼不能看著唯能論者靠一派胡言毀掉自己畢生的心血，於是，他展開了與「唯能論」長達十年的論戰。

大凡科學天才，性格上往往都有互相矛盾的地方，波茲曼也是如此，他有時表現得極為幽默，為學生講課時形象生動、妙語連珠，但在內心深處卻似乎既自傲又自卑。

波茲曼是堅定的原子論支持者，反對唯能論者把能量看作世界唯一本源的說法。波茲曼有傑出的口才，但提出唯能論的德國化學家奧斯特瓦爾德也非等閒之輩，他機敏過人、應答如流，且有在科學界頗具影響

力卻又堅絕不相信「原子」的恩斯特・馬赫做後盾。而站在波茲曼這一邊的原子論支持者，看起來寥寥無幾，而且大多數都是些不耍嘴皮子的科學家，並不參加辯論。因此，波茲曼認為自己是在孤軍奮戰，精神痛苦，悶悶不樂。雖然這場曠日持久的爭論中，波茲曼最終取勝，但卻感覺元氣大傷，最後走上自殺之路。

實際上，「唯能論」與「原子論」兩種理論，在當年沒有實驗驗證的情況下很難分辨對錯。這也就是波茲曼困惑之處。愛因斯坦後來評價波茲曼：「他明白自己有著那個時代最睿智的頭腦，這也是他自負的資本，但是他的自卑也是明顯的，一旦有很多人站在他的對立面，他就會忐忑不安，反覆地思考自己是否有哪裡有錯⋯⋯」波茲曼相信他的物理直覺，卻又無法證明原子的存在。因此，他實際上不僅僅是在與對手辯論，也是在與自己辯論。自己和自己辯論十年未果，這才是他感覺無比悲哀的真正原因！

11.3　埃倫費斯特其人

歷史是無情的，並不完全按照科學家們的努力程度和成果大小來記載他們的名字，名聲不見得與貢獻成正比。人們喜歡說，站在「巨人」的肩上，然而，有些時候的實際情況很可能是站在「一群矮子」的肩上！

即使只考查量子理論的發現建立過程，除了那些閃光的名字之外，也還可以列出一大堆你沒聽過的人名。特別是在新量子論（量子力學）建立之前，除了介紹過的索末菲外，還有英國的威爾遜（Charles Wilson, 1869-1959）、日本的石原純，我們下面要介紹的埃倫費斯特及帕邢（Louis Paschen, 1865-1947）、拜克、朗德（Alfred Landé, 1888-1976），還有曾經

與波耳合作發表文章的克喇末（Hendrik Anthony Kramers, 1894-1952）和斯萊特（John Clarke Slater, 1900-1976），以及其他我們叫不出名字的若干人。他們的工作與舊量子論一起，被量子力學的時代巨流沖刷和淹沒，如今只具有了歷史意義。

保羅‧埃倫費斯特（Paul Ehrenfest, 1880-1933）是奧地利人，出生於一個小村莊的猶太家庭，他的父親來自一個貧窮的猶太家庭，但後來，他的父母擁有了一間生意興隆的雜貨店，以此維持生計。埃倫費斯特後來取得了荷蘭國籍。

埃倫費斯特在維也納大學聽過波茲曼講授熱的分子運動論，之後成為波茲曼的學生，從事統計物理學研究。剛畢業時的埃倫費斯特默默無聞，在歐洲各個大學之間遊歷。一天，他在開往萊頓的兩天一夜的火車上，邂逅了一位「貴人」，兩人成為至交。那是當年物理界的大師級人物──H. A. 勞侖茲。勞侖茲欣賞埃倫費斯特的才能，並邀他到家中做客。因此，埃倫費斯特有幸在「勞侖茲家的小聚會」上，接觸到玻恩、索末菲、普朗克、愛因斯坦等大人物。勞侖茲在 1912 年推薦埃倫費斯特接任自己在荷蘭萊頓大學的教授職務。此後，埃倫費斯特一直在萊頓大學主持工作，他貢獻的領域主要是在統計力學及對其與量子力學的關係的研究上，還有相變理論及埃倫費斯特理論。

埃倫費斯特在布拉格遇見愛因斯坦後，他們成為密友。

埃倫費斯特與波耳來往也很密切，在第五次索爾維會議上的玻愛辯論中，埃倫費斯特最後站到了波耳一邊，但又因沒有支持好友愛因斯坦而頗感沮喪。

11.4　埃倫費斯特的浸漸（絕熱）原理

如果說，波耳的對應原理是在經典物理學和量子力學之間架起的一座橋梁，那麼，埃倫費斯特的浸漸原理則是兩者之間的又一座橋梁。

在 1912 至 1933 年這段時間中，埃倫費斯特的最重要的成就是浸漸原理，此外，他在量子物理學中也做出了傑出貢獻，包括相變理論和埃倫費斯特理論。

浸漸原理也稱絕熱不變數原理。自從量子力學建立以來，已經不需要這個原理，但在 1925 年之前的舊量子論時代，這個原理可是頗受青睞，並且起過重要作用的。

舊量子理論可以說是經典物理加上量子化條件。例如波耳的原子模型，電子如經典行星模型取圓形軌道，而量子化方案的對象是角動量。量子化的軌道角動量只能取某個常量的整數倍。此外，普朗克和索末菲等都有自己的量子化條件。選取適當的量子化對象，可以成功地解釋經典理論解釋不了的實驗數據，這就是舊量子論。然而，波耳、索末菲等人的成功都多少帶有一點「拼湊」的性質，他們無法解釋他們選取作為量子化對象的為什麼是那些特定的量，而不是其他的物理量。

這個問題是被埃倫費斯特的絕熱不變數原理解決的，1913 年，埃倫費斯特在一篇題為〈波茲曼一個力學定理及其和能量子理論的關係〉的論文中，敘述了他的浸漸關係式，即絕熱不變數原理。根據這個理論，應該被量子化的力學量只能是那些在系統參數緩慢改變中不發生變化的量。換言之，只有經典的絕熱不變數才能作為系統的量子化對象，才能被量子化。例如，氫原子的角動量是絕熱不變數，因此使用角量子數的波耳模型能成功精確地解釋氫原子光譜。按照同樣的道理，絕熱不變數原理也解釋了索末菲量子化條件等其他的舊量子論中的成功例子。

浸漸關係式對舊量子論的發展造成了很大的指引和推動作用,成為經典到量子革命征途上一個重要的里程碑。

11.5 埃倫費斯特的其他貢獻

埃倫費斯特對量子力學的貢獻,包括 1933 年最先導出的用於研究二級相變的基本方程式,以及以他名字命名的埃倫費斯特定理。埃倫費斯特定理描述了量子算符的期望值對時間的導數,與該算符和哈密頓算符對易算符之間的關係。

從 1912 年秋天埃倫費斯特在萊頓大學榮幸地繼任了勞侖茲的職位開始,他便全身心地投入科學研究和物理教學中。他在萊頓大學 21 年的教學生涯中,為荷蘭培養了許多新一代的科學菁英。圖 11-3 是埃倫費斯特和他的學生們。

圖 11-3 埃倫費斯特和他的學生們(1924 年,萊頓)

左起:第開、古德斯米特、丁伯根、埃倫費斯特、克勒尼希、費米

　　埃倫費斯特善於用簡單的例子來闡明物理理論的精髓。索末菲曾評價埃倫費斯特教學方面的特點：「他講起課來像一位大師，我從來沒聽到過任何人講課有那麼強的感染力……他知道如何使最困難的東西具體化，數學的討論被他轉換成很容易理解的圖像。」

　　埃倫費斯特與愛因斯坦往來密切，也經常書信來往討論物理問題。即使是對愛因斯坦一人建構的廣義相對論，埃倫費斯特也有重要的影響。他曾經提出一個「轉盤悖謬」悖論。在這個悖論中，一個圓盤以高速旋轉。試想圓盤由許多從小到大的圓圈組成，越到邊緣處圓圈半徑越大，圓圈的線速度也越大。由於長度收縮效應，這些圓圈的周長會縮小。然而，因為圓盤的任何部分都沒有徑向運動，所以每個圓圈的直徑將保持不變。解決悖論的過程，使愛因斯坦的引力觀念飛躍上升到時空幾何層次。

　　物理界第一次使用「旋量」一詞，是在埃倫費斯特的一篇量子物理論文中。

　　埃倫費斯特對發展經濟學中的數學理論有興趣。鼓勵他的學生丁伯根（Jan Tinbergen, 1903-1994）繼續研究。丁伯根的論文被同時提交到物理和經濟學，後來丁伯根成為一個經濟學家，並於 1969 年獲得諾貝爾經濟學獎。

　　埃倫費斯特也熱情鼓勵他的學生，提出自旋概念的兩個年輕物理學家烏倫貝克和古德斯米特，支持他們發表了自旋概念的文章。

▌11.6　埃倫費斯特之死

　　20 世紀的物理，量子理論蓬勃發展，學界人才輩出。樂觀上進、激情迸發的學術環境，卻醫治不了孤傲科學家冷漠悲涼、厭倦塵世的心。

埃倫費斯特具有非凡的才能，也做出了卓越的貢獻，但卻在與憂鬱症的拉鋸戰中失敗。他總是對自己不滿意，認為自己不如里茲（Walther Ritz, 1878-1909）聰明，不如波耳運氣好，不如愛因斯坦聰慧等等。他沒有真正看到和理解自己所獲取的成果的重要價值，反而產生一種莫名其妙的自卑感。

不知道當年他的老師波茲曼自殺的陰影是否一直籠罩在他的心靈深處，當年老師是因為積年累月的學術論戰造成心力交瘁，現在呢，埃倫費斯特別敬重的兩位朋友 —— 愛因斯坦和波耳，也開始了沒完沒了的爭論！

埃倫費斯特原本是優秀的經典物理學家，在舊量子論的年代裡也因為提出浸漸假設而風光了一陣子。但是，他對自己在量子力學創建過程中的表現不滿意，也不喜歡海森堡和狄拉克那種抽象的新量子論，眼看自己為之奮鬥一生的經典物理衰敗了，舊量子論也過時了，變化太快的科學景象沒有給他興奮，反而使他感到無比痛苦！

波耳和愛因斯坦的爭論令他厭煩。起初，埃倫費斯特想調停兩人觀點上的差異，但最終無能為力。令他格外困惑的是，愛因斯坦居然站到了量子力學的反對方！因此，埃倫費斯特後來轉向支持波耳，但又希望好友「醒悟」過來。他甚至對愛因斯坦說出這樣的話：「愛因斯坦，我為你感到羞愧！你把自己放到了和那些徒勞地想推翻相對論的人一樣的位置上了！」

愛因斯坦了解朋友的好意，同時也憂心忡忡地擔心埃倫費斯特日益嚴重的憂鬱症。最後，埃倫費斯特被可怕的病魔打敗了。1933 年 9 月 25 日，他在安置好他的其他子女後，槍殺了他有智力障礙的小兒子，然後結束了自己的生命。

12 機率解釋量子力學 波耳對決愛因斯坦

話說當年的量子江湖上，各路英雄湧現，建立量子力學並推出了粒子和波動兩大綱領。開始時兩派人馬有所對立，繼而形勢快速發展，約爾旦和狄拉克都證明了矩陣力學和波動方程式兩者是等同的。所以雙方學者並無太大的隔閡，大家共同努力，為量子力學譜出新篇。

後來，多數物理學家基本接受了玻恩的機率解釋，並形成了以波耳為首的哥本哈根派。不料，科學界頭號人物愛因斯坦突然站到了量子革命派的對立面，反對玻恩和波耳的機率等不確定性觀點。愛因斯坦的態度打亂了陣營，嚴酷的客觀形勢將物理學家們重新分類：支持機率解釋的和反對機率解釋的。

這整段歷史包括了許多有趣的關鍵事件，值得我們更仔細地回味……

12.1　第五次索爾維會議之前

從 1925 年 7 月海森堡的一人文章，到 1926 年上半年薛丁格的波動

力學文章，中間還有狄拉克 q 數的文章，總共不過短短幾個月，量子力學的三輛馬車已經全部啟動了！各派物理學家們分析形勢，熱烈響應，唯恐被馬車甩下！他們踴躍參加學術研討會，爭先恐後發表論文，思想活躍，不停詮釋；你追我趕，緊緊跟上。那是量子物理學史上最高峰、最激動人心的歲月！

海森堡、薛丁格、狄拉克幾位駕車人，則奔波輾轉於各個大學研究所之間，受邀到處作報告，忙得不亦樂乎！

波耳，這位量子物理革命派的掌門人，更是日夜不停地整理資訊、思考問題。他的優勢是有哥本哈根研究所這塊風水寶地，吸引來一大批年輕人才接踵而至，為了及時地更新知識、交流思想，波耳不停地邀請各方學者專家來訪、作報告。

狄拉克於 1926 年 9 月拜訪哥本哈根，逗留了 6 個月。但波耳喜好物理概念的定性描述，不適應狄拉克的抽象數學。所謂的 q 數等，令波耳頭痛。還好那年也邀請了薛丁格，微分方程式是在經典物理中就司空見慣的東西，波耳喜歡，認為薛丁格的這種數學形式「清晰而簡潔，與之前的量子力學表述形式相比，有了巨大進步」。所以，波耳這次對薛丁格倍加關照，親自到火車站迎接，讓他住在自己家裡，引為「座上賓」。

波耳如此看重薛丁格，當然是有他的打算的。海森堡曾經在那年夏末到慕尼黑參加薛丁格的討論會，被人們對波動力學的熱情所震撼，連夜寫信給波耳報告情況，促成了波耳立即決定邀請薛丁格。

薛丁格於 1926 年 10 月 1 日到達哥本哈根，與波耳的熱烈討論從火車站相見的第一眼就開始了。波耳那時對量子力學已經有了基本的理解邏輯，包括原子模型、其中電子軌道是否存在等問題，波耳（和海森堡）當然要急不可待地將這些新觀念灌輸到薛丁格的腦袋裡！

薛丁格導出的方程式，是電子遵循的波動方程式，電子的粒子性實

際上也隱藏其中，但薛丁格並未意識到這一點。他以為他的方程式將電子的運動回歸到了經典物理的方式，他不承認電子能量可以跳躍式地變化，以為用經典觀念可以理解他的方程式和理論！

但波耳和海森堡認為，在量子上，電子軌道沒有任何意義，取而代之的是電子的狀態在離散的量子態之間瞬時躍遷！

薛丁格的腦袋裡已經塞滿了太多經典觀念，並無任憑波耳「灌輸」。波耳著急且不讓步，從早到晚，從清晨到深夜，數度高談闊論，一片狂轟濫炸！最後薛丁格實在招架不住，只好承認自己的闡述不夠充分，薛丁格所有想兜圈子繞過這個結果的企圖都被波耳駁倒。最後連人也徹底倒下了，薛丁格得了感冒病倒在床！

波耳讓妻子照顧病中的薛丁格，端茶倒水無微不至，但一有機會仍然不忘喋喋不休地為其「洗腦」：「薛丁格，不管怎樣你得承認……」薛丁格不接受哥本哈根學派採用的玻恩的機率解釋，他認為波函數是實在的可觀測量，反映了電子電荷的分布密度。當然，這個顯得頗為幼稚的說法沒人同意，包括愛因斯坦。包立就曾經在寫給波耳的信中，刻薄地嘲笑那篇「薛丁格兒童般幼稚的論文」！

最後，薛丁格拗不過波耳，但始終也不願同意量子躍遷，他最後快發火了，說：「假如擺脫不了這些該死的量子躍遷的話，那麼我寧可從來沒有涉足過什麼量子力學！」雖然兩人誰也說服不了誰，大家仍然好聚好散。薛丁格回他的慕尼黑，波耳也感覺有些筋疲力盡，後來又與海森堡辯論不相容性原理，再後來就找時間去挪威滑雪渡假去了。

一晃就晃到了 1927 年，波耳「渡假」修息一段時間，對大家都有好處。海森堡趁著波耳不在眼前，寄出了他關於「不相容性原理」的論文，後來他接受了萊比錫大學的邀請，離開了哥本哈根。波耳經過長時間的思考，他的互補原理基本成熟，並且，他既然想通了「粒子波動」

互補，當然也對海森堡的不相容原理感到豁然開朗。正好 1927 年 9 月，義大利有一個紀念伏打（Alessandro Volta, 1745-1827）百年忌辰的科莫會議，波耳就將他的互補原理等發現在會上講了一遍。可惜那個會議愛因斯坦和薛丁格都沒有參加，因此風平浪靜無爭論。

勞侖茲是當年德高望重的物理學家，已經 74 歲了。從第一次索爾維會議開始，他就擔任主席一職，到了 1927 年，他又開始積極籌辦主題為「電子與光子」的第五次索爾維會議[20]。

大家都見過這次會議出席者們的照片，群賢畢至，濟濟一堂（圖 12-1）。29 人中有 17 位諾貝爾獎得主。照片中展示了與會的人員，但令人頗感奇怪的是，也有幾位與會議主題相關的科學家未被邀請，如拉塞福和索末菲均未到會，還有參與創立矩陣力學並有極重要貢獻的約爾旦也沒有被邀請。

到會的量子英雄們，每個人都身懷特技，帶獨門法寶。其中有波耳的「氫原子模型」、玻恩的「機率」、德布羅意的「物質波」、康普頓的「效應」。此外，狄拉克有「算符」，薛丁格有「方程式」，布拉格有「晶體」模型，海森堡和包立有「不確定性原理」和「不相容原理」，埃倫費斯特則舉著一塊「浸漸原理」大招牌。愛因斯坦當然絕頂風光，手握兩面相對論大旗，頭頂「光電效應」的光環；瑪里·居禮緊握「鐳和釙」；還有勞侖茲的「變換」、普朗克的「常數」、朗之萬的「原子論」、威爾遜的「雲室」等等[21]。

圖 12-1　第五次索爾維會議（1927 年）

● 12.2　第五次索爾維會議上

　　這次會議的主題「電子與光子」，表明了這是一次關於量子力學的會議。

　　正式會議上，以兩個實驗報告開場：小布拉格講 X 射線的反射強度；康普頓講輻射實驗與電磁理論之間不一致之處。近幾年來，量子力學不僅僅理論有所發展，實驗上也有突破：1923 年，康普頓完成了 X 射線散射實驗，光的粒子性被證實；1925 年，戴維遜和革末證實了電子的波動性。

　　演講之後是討論。克喇末（Kramers, 1894-1952）針對小布拉格的演講介紹了他自己的工作。克喇末的名字過去聽得少，這位來自荷蘭的科

學家當年可是哥本哈根的重要成員，波耳的主要助手！瑪里・居禮則在討論中說康普頓效應或許在生物上會有重要應用，以及產生 X 射線的高壓技術在醫學治療上能找到重要用途等等。

　　兩個實驗報告後，緊接著是 4 個重磅理論報告：德布羅意的導航波理論、玻恩和海森堡的矩陣力學、薛丁格的波動方程式，以及波耳的報告。

　　大家在會前就已經了解了玻恩的頗具顛覆性的統計解釋，因此，與會人員在思想上已經分成了兩大陣營：大部分年輕而喜新厭舊的「男孩」物理學家們，支持新理論和新解釋；反對機率解釋的愛因斯坦這邊，除了他這個領頭人之外，還有幾個自己反對自己理論的保守派，聽起來都是曾經在量子江湖開天闢地的老前輩 —— 普朗克、德布羅意、薛丁格等。

　　德布羅意難以接受統計解釋，但又抱著調解的心態，在索爾維會議上的演講採取了比較緩和與含糊的說法。他設想波動方程式有兩個解：一個具有奇點，表示具有顆粒性的微觀物質粒子；一個是連續的波動，附著在粒子上引導粒子運動。德布羅意稱之為「雙解理論」，而把引導粒子運動的波稱為「導航波」（pilot wave），用這種方法來理解波粒二象性。包立對德布羅意的導航波，一開始覺得新穎，後來認為整個理論都讓人難以接受，因為它重新引入電子軌道，走回頭路。

　　玻恩與海森堡的演講總結和評論了創立量子力學的工作，包括矩陣力學及不確定性原理，玻恩的統計解釋，也包括了狄拉克的與矩陣力學頗為類似的 q 數理論。

　　薛丁格則講了他的波動力學與時間無關和相關的方程式，以及其與矩陣力學的等價性。薛丁格認為他的波函數 ψ 描述物質的連續分布，其平方表示物質的密度。薛丁格如此解釋波函數，連德布羅意都不接受，

試想，每個電子的波包都布滿了整個原子，還隨著時間而變化，這是一幅什麼奇怪的圖像？難怪包立要挖苦地將薛丁格的論文說成是「兒童般幼稚的論文」。

3 個演講後也都有相應的討論，無須贅述，因為研究內容涉及的數學理論和實驗驗證並無大問題，人們有分歧的是物理概念的解釋。例如，狄拉克與海森堡之間關於波函數塌縮產生一點爭論：狄拉克說這是「大自然的選擇」，海森堡認為是「觀測者自己」做出選擇。這涉及關於量子測量，這個問題至今還在爭論不休。

會上激起物理和概念上激烈爭論的，是最後波耳的演講。

為何最後是波耳報告呢？最初，勞侖茲邀請愛因斯坦作報告，愛因斯坦表示可以講量子統計，但後來他改變了想法，說自己沒有全力以赴地參與量子理論的最新發展，並且也不贊成純統計的看法，謙虛地表示沒有資格作報告。愛因斯坦推薦費米或朗之萬代替他講量子統計。但到最後，費米和朗之萬都沒有來講，而是波耳自願，但把題目改成了「量子假設與原子學說之新進展」，就是他 1927 年 9 月在科莫會議上講的，是如何理解量子力學的問題。

12.3　第五次索爾維會議下

一開始，愛因斯坦一直保持沉默。到了玻恩與海森堡的演講，愛因斯坦才發出聲音，建議討論一下電子透過狹縫投射到螢幕上的繞射。「穿過狹縫的電子可以出現在螢幕上不同的地方，按照機率解釋，則同一過程將會在螢幕上多個地點引起作用」，這就意味著超距作用，違反相對論原理。

　　當波耳結束了關於「互補原理」的演講後，愛因斯坦又突然發動攻勢：「很抱歉，我沒有深入研究過量子力學，不過，我還是願意談談普遍的看法。」然後，愛因斯坦用一個關於 α 射線粒子的例子表示了對波耳等學者發言的質疑。不過，愛因斯坦在會上的發言都相當溫和。此外，在演講之後會上的討論交流中，也不可能談論很多講題之外的東西。

　　愛因斯坦與波耳的爭論，基本上是在會外進行，是在正式會議結束之後幾天的討論中。那時候，火藥味就要濃多了。根據海森堡的回憶，常常是在早餐的時候，愛因斯坦設想出一個巧妙的思想實驗，以為可以難倒波耳，但到了晚餐時間，波耳就想出了招數，一次又一次化解了愛因斯坦的攻勢。當然，到最後誰也沒有說服誰。海森堡在 1967 年的回憶裡說道：「討論很快就變成了一場愛因斯坦和波耳之間的決鬥，當時的原子理論在多大程度上可以看成是討論了幾十年的那些難題的最終答案呢？我們一般在旅館用早餐時就見面了，於是愛因斯坦就描繪一個思想實驗，他認為從中可以清楚地看出哥本哈根解釋的內部矛盾。然後愛因斯坦、波耳和我便一起走去會場，我就可以現場聆聽這兩個哲學態度迥異的人的討論，我自己也常常在數學表達結構方面插幾句話。在會議中，尤其是會間休息的時候，我們這些年輕人 —— 大多數是我和包立 —— 就試著分析愛因斯坦的實驗，而在吃午飯的時候討論又在波耳和別的來自哥本哈根的人之間進行。一般來說，波耳在傍晚的時候就對這些思想實驗完全心中有數了，他會在晚餐時把它們分析給愛因斯坦聽。愛因斯坦對這些分析提不出反駁，但在心裡他是不服氣的。」

　　埃倫費斯特也在一封信中描述過類似情景：「每晚凌晨 1 點，波耳都到我房中來，直到凌晨 3 點，只對我說單獨的一個詞（one single word）。」波耳所承受的壓力和全身心的投入就可想而知。「我真高興在波耳與愛因斯坦交談時能夠在場。就像下棋。愛因斯坦總是有新的例

子。在一定的意義上就是一種破壞不確定性關係的第二類永動機⋯⋯愛因斯坦就像一個盒中的玩偶，每天早晨都精神抖擻地跳出來。」看來愛因斯坦晚上也沒閒著，真夠波耳應付的。「波耳從哲學的迷霧中不斷地找出各種工具，來摧毀這一個一個的例子。」

　　總之，1927 年布魯塞爾的第五次索爾維會議，象徵著玻愛爭論的公開化，量子力學發展史上的一個轉折點。這個里程碑似的時間點已深深刻在量子物理史及科學史上並將載入史冊。

13 玻色因錯誤發現量子統計 費米被譽為理論實驗通才

在介紹玻愛爭論之前，我們曾經介紹過波茲曼，他是統計力學大師，最後因憂鬱症而自殺。波茲曼研究的是經典粒子的統計行為，那麼，量子力學中粒子的統計行為是怎麼樣的？為何與經典粒子統計規律不同呢？這段歷史將再次讓我們的目光返回到舊量子論的年代。

從現代物理學的觀點看，量子統計的規律有兩種：玻色 - 愛因斯坦統計和費米 - 狄拉克統計。在這 4 位物理學家中，愛因斯坦是人人皆知的物理之神，費米和狄拉克也都在諾貝爾獎的榜上有名，可這個玻色是誰呢？很多人都沒聽過。此外，我們尚未介紹過費米，因此，本節我們就介紹一下玻色和費米（圖 13-1）。

13.1 一個機率問題

玻色的確不是那麼有名，固然是受很多條件所限，他是印度人，屬於第三世界國家的物理學家。不過，以他名字命名的玻色子在物理學界還是挺有名的。對玻色子統計規律的研究是玻色一生中唯一一項重要的成果。

　　有趣的是，玻色是因為一個「錯誤」而發現玻色子統計規律的。1921 年左右，在一次有關光電效應的講課中，玻色犯了一個類似「擲兩枚硬幣，得到『正正』機率為 1/3」的那種錯誤。沒想到這個錯誤卻得出了與實驗相符合的結論，也就是不可區分的全同粒子所遵循的一種統計規律。

　　什麼叫「擲兩枚硬幣，『正正』機率為 1/3」的那種錯誤？另外，什麼叫「不可區分的全同粒子」？兩個粒子可區分或不可區分，會影響機率的計算嗎？

(a)　　　　　　　　　　　(b)

圖 13-1　玻色和費米

　　（a）玻色，印度物理學家，因最早提出玻色－愛因斯坦統計而著名。他從小多才多藝，能說多國語言，能彈奏一種與小提琴相近的埃斯拉古琴；（b）費米，美籍物理學家，1938 年諾貝爾物理學獎獲得者，被稱為現代物理學的最後一位通才，在理論和實驗方面均做出重大貢獻。他還是一位傑出的老師。他的學生中有 6 位獲得過諾貝爾物理學獎。美國的費米國家實驗室和芝加哥大學的費米研究所都以他的名字命名

　　如果我們擲兩枚硬幣，因為每個硬幣都有正反兩面，所有可能的實驗結果就有 4 種情況：正正、正反、反正、反反。我們假設每種情形發生的機率都一樣，那麼，得到每種情況的可能性各是 1/4。

　　現在，想像我們的兩枚硬幣變成了某種「不可區分」的兩個粒子，姑且稱它們為「量子硬幣」吧。這種不可區分的東西完全一模一樣，而且不可區分。既然不可區分，「正反」和「反正」就是完全一樣的，所以，當觀察兩個這類粒子的狀態時，所有可能發生的情形就只有「正正」、「反反」、「正反」3 種情形。

　　這時，如果我們仍然假設 3 種可能性中每種情形發生的機率是一樣的（儘管這好像不太符合我們對於實際「硬幣」的日常經驗，但不要忘記，我們考慮的是某種抽象的「量子硬幣」！），我們便會得出「每種情況的可能性，都是 1/3」的結論。這個例子就說明了，多個「一模一樣、無法區分」的物體，與多個「可以區分」的物體，所遵循的統計規律是不一樣的。

▌ 13.2　玻色的錯誤

　　納特‧玻色（Nath Bose, 1894-1974）出生於印度加爾各答，他的父親是一名鐵路工程師，他是 7 名孩子中的長子。玻色在大學時得到幾位優秀教師的讚賞和指點，但他只得了一個數學碩士學位，並未繼續攻讀博士學位，就直接在加爾各答大學物理系擔任講師職務，後來又到達卡大學物理系任講師，並自學物理。如圖 13-2 所示，是玻色和加爾各答大學的科學家們。

圖 13-2　玻色（後排左 2）和加爾各答大學的科學家們

大約在 1922 年，玻色講課時講到光電效應和黑體輻射時的紫外災變，他打算向學生展示理論預測的結果與實驗的不合之處。那時候，新量子論（量子力學）尚未誕生，已經使用了 20 多年的舊量子論，不過是在經典物理的框架下，做點量子化的修補工作。至於粒子的統計行為，需要應用統計規律時，仍然是波茲曼的經典統計理論。物理學家們的腦袋中，絕對沒有所謂粒子「可區分」或「不可區分」的概念。每一個經典的粒子都是有軌道的、可以精確追蹤的，這就意味著，所有經典粒子都可以互相區分！

玻色也是一樣，他想對學生講清楚黑體輻射理論與實驗不一致的問題。於是，他運用經典統計來推導理論公式，但是，他在推導過程中，犯了我們在上面所述的那種「錯誤」，簡單而言，就是將丟兩枚硬幣時出現「正正」的機率，誤認為是 1/3。但是，萬萬沒想到這個偶然的錯誤卻得出了與實驗相符合的結論。

為什麼數學錯誤反而得到正確的物理結論？此事蹊蹺。聰明的玻色立刻意識到，這也許是一個「正確的錯誤」！他繼續深入鑽研下去，研

究機率 1/3 有別於機率 1/4 之本質，悟出一點道理，他寫了一篇〈普朗克定律與光量子假說〉的論文。在該文中，玻色首次提出經典的馬克士威 - 波茲曼統計規律不適合微觀粒子的觀點。他認為是因為海森堡不確定性原理導致變動構成的影響，需要一種全新的統計方法！

然而，沒有期刊願意發表這篇論文，因為他們都認為玻色犯了當時統計學家看來十分低級的錯誤。

後來，1924 年，玻色突發奇想，直接將文章寄給大名鼎鼎的愛因斯坦，不料立刻得到了愛因斯坦的支持。玻色的「錯誤」之所以能得出正確結果，是因為光子就正是一種不可區分的、後來被統稱為「玻色子」的東西。對此，愛因斯坦心中早有一些模糊的想法，如今玻色的計算正好與這些想法不謀而合。愛因斯坦將這篇論文翻譯成德文，並安排將它發表在《德國物理學期刊》上面。

玻色的發現是如此重要，以至於愛因斯坦開始寫一系列論文，研究他稱為「玻色統計」的東西。因為愛因斯坦的貢獻，如今，它被稱為「玻色 - 愛因斯坦統計」。之後又有了超低溫下得到「玻色 - 愛因斯坦凝聚」的理論 [22]。

這可以說是一個諾貝爾獎級別的工作，遺憾的是，玻色本人像一顆劃過天空閃亮一時又轉瞬即逝的彗星一樣，之後在科學上沒有其他突破，最終與諾貝爾獎無緣，1974 年於 80 歲高齡逝於加爾各答。

13.3　全同粒子

玻色的「錯誤」能得出正確結果，正是因為光子是不可區分的。這種互相不可區分的一模一樣的粒子在量子力學中叫做「全同粒子」。

所謂全同粒子就是質量、電荷、自旋等內在性質完全相同的粒子。

在宏觀世界中，可能不存在完全一模一樣的東西，即使看起來一模一樣，它們也是可以被區分的。因為根據經典力學，即使兩個粒子全同，它們運動的軌道也不會相同。因此，我們可以追蹤它們不同的軌道而區分它們。但是，在符合量子力學規律的微觀世界裡，粒子遵循不確定性原理，沒有固定的軌道，因而無法將它們區分開來。量子力學中，有兩種類型的全同粒子 —— 玻色子和費米子，分別以玻色和費米兩位物理學家之名而命名，它們分別服從兩種不同的量子統計規律。

光子就是玻色子。不可區分的全同粒子算起機率來的確與經典統計方法不一樣。如圖 13-3（a）所示，對兩個經典粒子而言，出現兩個正面（HH）的機率是 1/4，而對光子這樣的玻色子而言，出現兩個正面（HH）的機率是 1/3[圖 13-3（b）]。然後，費米子又是些什麼呢？

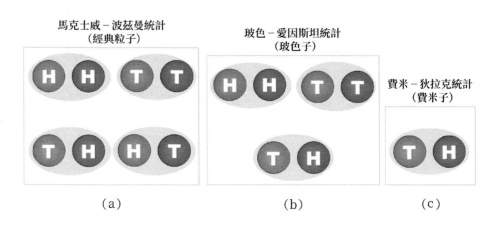

圖 13-3 「可區分」和「不可區分」粒子的統計規律不一樣

（a）可區分，HH 機率 = 1/4；（b）不可區分，HH 機率 = 1/3；（c）包立不相容原理

在圖 13-3（c）中，我們圖示了玻色子和費米子的區別。費米子也是全同粒子，它是符合包立不相容原理的全同粒子，如電子。因為包立不相容原理，兩個電子不能處於同樣的狀態。仍然以兩個硬幣為例，可以

說明費米子的統計規律有何特別之處。兩個硬幣現在變成了兩個「費米子硬幣」。對兩個費米子來說，因為它們不可能處於完全相同的狀態，所以，4 種可能情形中的 HH 和 TT 狀態都不成立，只留下唯一的一個可能性 HT。因此，對兩個費米子系統，出現 HT 的機率是 1，出現其他狀態的機率是 0。

13.4　費米的貢獻

研究費米子統計規律的功勞，要歸於美國籍的義大利裔物理學家費米。

以費米名字命名的物理對象很多：費米子、費米面、費米 - 狄拉克方程式、費米 - 狄拉克統計、費米實驗室、費米悖論等，還有 100 號化學元素「鐨」、美國芝加哥著名的費米實驗室、芝加哥大學的費米研究院等。但了解費米其人的大眾卻不多，這是因為費米一生處事低調，淡泊名利。圖 13-4 所示為費米和位於美國伊利諾州的費米國家實驗室。

圖 13-4　費米和位於美國伊利諾州的費米國家實驗室

恩里科・費米（Enrico Fermi, 1901-1954），美籍義大利裔著名物理學家、美國芝加哥大學物理學教授，費米首創 β 衰變的定量理論，設計並

建造了世界上第一臺可控核反應堆。費米是 1938 年諾貝爾物理學獎獲得者，他對理論物理和實驗物理均做出了重大貢獻，因而被稱為現代物理學的最後一位通才。

作為家中最小的孩子，童年的費米身材瘦小，不愛說話，看上去缺乏想像力，似乎不夠聰明。這又一次地應驗了那句成語：大智若愚。費米聰明不聰明，看看他一生的成就、在物理學上的造詣就明白了。

10 歲的費米就能獨立理解表示圓的公式 $X^2+Y^2=R^2$，他很小就熟練地掌握了義大利語、拉丁語和希臘語。18 歲時，他因為一篇〈聲音的特性〉的論文引起了物理學權威們的關注，1929 年，未滿 30 歲的費米成為義大利最年輕的科學院院士。

作為院士的費米知名度提升，但他為人仍然十分低調。據說有一次，費米和妻子一道去一家旅館，老闆問他是不是費米院士「閣下」，費米隨口回答說自己是那個院士費米的遠房親戚。

費米在 30 歲時成為義大利科學院院士當之無愧，因為他在 25 歲時，就發現了我們這裡介紹的費米子遵循的量子統計。1926 年，費米和狄拉克各自獨立地發表了有關這一統計規律的兩篇學術論文。兩位科學家都很低調和謙虛，狄拉克稱此項研究是費米完成的，他將其稱為「費米統計」，並將對應的粒子稱為「費米子」。

不同微觀粒子的全同性統計行為有所不同，是來源於它們不同的自旋，以及此自旋導致的不同對稱性。玻色子是自旋為整數的粒子，如光子的自旋為 1。兩個玻色子的波函數是交換對稱的。也就是說，當兩個玻色子的角色互相交換後，總體波函數不變。另一類稱為費米子的粒子，自旋為半整數。例如，電子的自旋是 1/2。由兩個費米子構成的系統的波函數，是交換反對稱的。也就是說，當兩個費米子的角色互相交換後，系統總體波函數只改變符號 [圖 13-5（a）]。

　　反對稱的波函數與包立不相容原理有關，所有費米子都遵循這一原理。因而，原子中的任意兩個電子不能處在相同的量子態上，而是在原子中分層排列 [圖 13-5（b）]。在這個基礎上，才得到了有跨時代意義的元素週期律。

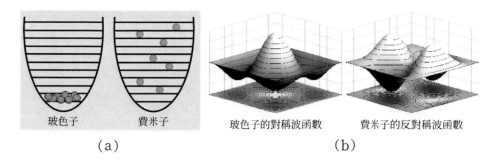

圖 13-5　玻色子和費米子的不同特性源於不同的自旋波函數

　　因為玻色子喜歡大家同居一室，大家都拚命擠到能量最低的狀態。例如，光子就是一種玻色子，因此，許多光子可以處於相同的能階，所以，我們才得到了雷射這種超強度的光束。總結一下：光子是玻色子，電子是費米子，原子呢？原子是複合粒子，情況要複雜一點。對複合粒子來說，如果由奇數個費米子構成，則為費米子；由偶數個費米子構成，則為玻色子。如為玻色子的原子，在一定的條件下，降低溫度到接近絕對零度，所有玻色子像是突然「凝聚」在一起，那時會產生一些平常物質中觀察不到的「超流體」的有趣性質，這被稱為「玻色 - 愛因斯坦凝聚」。透過對「玻色 - 愛因斯坦凝聚」的深入研究，有可能實現「原子雷射」之類的前景誘人的新突破。

　　因此，全同粒子的玻色子或費米子行為，是量子力學最神祕的其中一面。

　　正好在費米獲得諾貝爾物理學獎的那一年，義大利的墨索里尼（Benito Mussolini, 1883-1945）開始逮捕和迫害猶太人。因為費米的夫人是猶太人，所以費米便利用到瑞典領獎的機會，舉家逃到了美國，並在哥倫比亞大學任教。

　　1941年底，在愛因斯坦等人的提議下，美國政府決定啟動名為「曼哈頓」的原子彈研製計畫，費米成為主要的參與者之一。他指揮建造了世界上第一座「人工核反應爐」，並將它祕密轉移到新墨西哥州洛斯阿拉莫斯峽谷附近，最後終於在1945年的7月12日製成了世界上第一顆原子彈。4天後，這顆原子彈被成功引爆。

　　科學研究生涯的最後幾年，費米還從事高能物理的研究。天妒英才，正值事業巔峰期的費米在食道癌和胃癌的雙重打擊下，於1954年11月28日逝世於芝加哥的家中，年僅53歲。

14 出光子盒難題難倒波耳
用相對論反擊愛因斯坦

從第五次索爾維會議到 1930 年的第六次，經過了 3 年的時間間隔，其中發生的事情也不少。首先，勞侖茲主持完有名的第五次索爾維會議之後，不幸於次年的 1 月中旬染上了丹毒並很快就病逝了，儘管勞侖茲的貢獻大多在電磁、光學及相對論方面，但他主持的五次索爾維物理學會議，為量子力學之發展造成了樹碑立傳的作用！因此，我們簡略介紹一下這位偉大的物理學家。

● 14.1 勞侖茲和朗之萬

荷蘭科學家 H. A. 勞侖茲（H. A. Lorentz, 1853-1928，圖 14-1）與彼得·塞曼（Pieter Zeeman, 1865-1943）共同獲得 1902 年諾貝爾物理學獎。

(a)　　　　　　　(b)

圖 14-1　H. A. 勞侖茲

（a）H. A. 勞侖茲（1902年）；（b）前排從左至右：愛丁頓、勞侖茲；後排：愛因斯坦、埃倫費斯特、德西特（1923年9月）

　　勞侖茲生於荷蘭，祖先來自德國一個務農的家族。勞侖茲記憶力出眾，很早就精通了德語、法語、英語等，讀大學時，他又自學了希臘語與拉丁語。雖然勞侖茲懂得多國語言，看起來頗富語言才能，但實際上他性格羞澀靦腆，是一個不愛交際、不善言辭的人。不過，當他走上科學的道路成為教授之後，他的演講非常受聽眾歡迎，因為他可以將複雜的科學問題講解得非常清晰透徹。

　　勞侖茲是現代物理的先驅者。1911至1927年間，他擔任了五次索爾維物理學會議的固定主席。在國際物理學界的各種集會上，因為他受同行們尊重，以及他的多種語言背景，他是一位很受歡迎的主持人。

勞侖茲早期對光的電磁理論進行了深入的研究，後來研究光和物質的相互作用，提出勞侖茲力等概念，在連續電磁場理論以及物質中離散電子等概念的基礎上，建立了經典電子理論，應用到磁學、塞曼效應與電子的發現。

1904 年，勞侖茲發表了著名的勞侖茲變換公式，解決以太中物體運動問題，並指出光速是物體相對於以太運動速度的極限。後來，勞侖茲變換成為狹義相對論中最基本的關係式，狹義相對論的運動學結論和時空性質，如同時性的相對性、長度收縮、時間延緩、速度變換公式、相對論、都卜勒效應等都可以從勞侖茲變換中直接得出。

可惜勞侖茲主持完了第五次索爾維物理學會議之後不久就去世了，因此，1930 年的索爾維物理學會議主持人換成了法國物理學家保羅·朗之萬（Paul Langevin, 1872-1946）。（圖 14-2）

朗之萬生於巴黎，1905 年他看到愛因斯坦的論文後，對相對論產生了濃厚的興趣，並和愛因斯坦結下了深摯的友誼。他形象地闡述相對論並為其大作宣傳，因而有「朗之萬砲彈」的美稱。他的一生也極富傳奇色彩：加入反法西斯組織，反抗納粹統治；對物理學做了很多貢獻，曾受中華民國政府之邀，與中國物理學家進行廣泛的接觸和交流，推動中國物理學會的成立。

仔細考察一下索爾維會議的照片就會發現，從第一到第六次物理學會議的名單上，每一次都有瑪里·居禮 [23] 和朗之萬的名字。他們兩人參加了數次索爾維會議；而他們當年的情感糾葛，轟動了整個法國社會。

圖 14-2　物理學家們

從左到右：愛因斯坦、埃倫費斯特、朗之萬、昂內斯、外斯（在萊頓朗之萬家中）

　　朗之萬是皮耶・居禮的學生，與居禮夫婦往來甚密。皮耶不幸喪命於車禍後，朗之萬理所當然地協助瑪里・居禮照顧她的兩個女兒，幫助她渡過難關。朗之萬比瑪里・居禮小 5 歲，本人的婚姻又不盡如人意，因此，兩位大物理學家之間各方面的共鳴使得彼此互生情愫也是情理中之事。不想此事正好被朗之萬的妻子利用來敗壞瑪里・居禮的名聲，也中斷了兩人的愛情。不過後來，朗之萬成為瑪里・居禮的女兒伊雷娜・約里奧 - 居禮的博士指導教師，在他的指導下，伊雷娜與丈夫一起榮獲諾貝爾物理學獎。朗之萬還有另一個學生路易・德布羅意，也是諾貝爾獎得主。有關瑪里・居禮和朗之萬，還有一個有趣的尾聲：兩人都去世之後，瑪里・居禮的外孫女，嫁給了朗之萬的孫子。

● 14.2 第六次索爾維物理學會議上

這次索爾維物理學會議的主題是物質的磁性，主持人朗之萬自己在這方面做出了重要的貢獻。並且，關於磁性的實驗技術在那段時間也出現很大的進展。

會議的第一個報告是由索末菲做的關於磁學和光譜學的報告，他在報告中特別討論了關於角動量和磁矩的知識，透過研究原子的電子組成，得出元素週期表的解釋。

第六次索爾維會議不如第五次盛大，但有 34 名成員應邀出席，其中也有 10 位諾貝爾獎獲得者（圖 14-3）。

圖 14-3　1930 年秋，第六次索爾維會議在布魯塞爾召開，群龍再聚首

那次會議對磁現象的理論做了全面性的論述。費米指出，像包立提出的對原子核的研究，將發現光譜線的超精細結構。關於物質的磁性的快速增長的實驗證據的一般調查是由卡布雷拉（Blas Cabrera, 1878-1945）和外斯（Pierre-Ernest Weiss, 1865-1940）在報告中給出的，外斯等引入了

與鐵磁狀態有關的內部磁場，討論了鐵磁材料的狀態方程式，包括在一定溫度（例如居禮點）下這類物質特性的突然變化。

費米談到與波函數對稱性有關的量子統計性質；包立解釋自旋的概念；狄拉克提出了巧妙的電子量子理論，將克萊恩 - 戈登的相對論波動方程式用一組一階方程式所取代，並且將電子的自旋和磁矩和諧結合起來。

實驗技術的最新發展為進一步研究測量自由電子的磁矩開闢了道路，克頓（Aimé Cotton, 1869-1951）和卡皮察（Pyotr Kapitsa, 1894-1984）報告了巧妙設計的巨大永磁體，在有限的空間內產生超強強度的磁場成為可能，作為對他們報告的補充，瑪里·居禮特意在研究放射性過程中使用這種磁體。

● 14.3　愛因斯坦的光子盒

儘管會議的主題是磁性現象，但有趣的是，這次會議被世人牢記的不是其「磁性」這個主題，而是與主題迥異的辯論 —— 愛因斯坦和波耳論戰的第二集。首先，早有準備的愛因斯坦在會上向波耳提出了他的思想實驗 —— 「光子盒」。

如圖 14-4 所示，實驗的裝置是一個一側有一個小洞的盒子，洞口有一塊擋板，裡面放了一隻能控制擋板開關的機械鐘。小盒裡裝有一定數量的輻射物質。這個鐘能在某一時刻將小洞打開，放出一個光子來。這樣，它跑出的時間就可精確地測量出來了。同時，小盒懸掛在彈簧秤上，小盒所減少的質量，即光子的質量便可測得，然後利用質能公式 $E = mc^2$ 便可得到能量的損失。這樣，時間和能量都同時測準了，由此可以說明不確定性關係是不成立的，波耳一派的觀點是不對的。

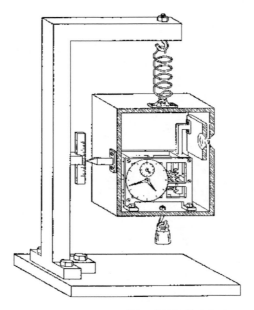

圖 14-4　波耳完善後的愛因斯坦光子盒

　　描述完了他的光子盒實驗後，愛因斯坦看著啞口無言、搔頭抓耳的波耳，心中暗暗得意。

　　波耳當時的確被愛因斯坦的挑戰所震驚，他面色蒼白，呆若木雞。之後，羅森菲爾德（Léon Rosenfeld, 1904-1974）有過繪聲繪影的回憶：

　　波耳有點被鎮住了，他沒有馬上想到對策，整個晚上他看上去火氣十足，一個又一個地試圖說服他們；這不可能是真的，如果愛因斯坦是對的，那物理學就完了。但當下又無法做出任何反駁。我永遠不會忘記這兩個死對頭離開大學俱樂部時的情景，高個子的愛因斯坦輕邁腳步，帶著諷刺的微笑，波耳和他走在一起，大步前進⋯⋯（圖 14-5）。

圖 14-5　波耳（右）緊靠在愛因斯坦（左）的旁邊快步走著
（埃倫費斯特攝，在第六次索爾維會議上。說法不確定！）

❘ 14.4　波耳反擊

　　不過愛因斯坦好夢不長，只經過了一個夜晚，波耳便也使出了「殺手鐧」！第二天，波耳居然「以其人之道，還治其人之身」，找到了一段最精彩的說辭，用愛因斯坦自己的廣義相對論理論，戲劇性地指出了愛因斯坦這一思想實驗的缺陷。

　　波耳經歷了一個不眠之夜，尋找愛因斯坦論點的缺陷，他深信缺陷

肯定存在。「這種說法無異於一場嚴重的挑戰，並引起對整個問題的徹底反思，」波耳寫道。第二天早餐時他回應了，「第二天一早迎來波耳的凱旋，物理學得救了。」

　　光子跑出後，掛在彈簧秤上的小盒質量變輕即會上移，根據廣義相對論，如果時鐘沿重力方向發生位移，它的快慢會發生變化，這樣的話，那個小盒上機械鐘讀出的時間就會因為這個光子的跑出而有所改變。換言之，用這種裝置，如果要測定光子的能量，就無法精確控制光子逸出的時刻。因此，波耳居然用廣義相對論理論中的紅移公式，推出了能量和時間遵循的不確定性關係！

　　無論如何，儘管愛因斯坦當時被回擊得目瞪口呆，卻仍然沒有被說服。不過，他自此後，不得不有所退讓，承認了波耳對量子力學的解釋不存在邏輯上的缺陷。「量子論也許是有一致性的」，他說，「但卻至少是不完備的。」因為他認為，一個完備的物理理論應該具有確定性、實在性和局限性！

　　「與愛因斯坦在 1930 年索爾維會議重逢，」波耳若干年後寫道，「我們的爭論有相當戲劇性的轉折。」話雖這麼說，波耳對這第二回合的論戰始終耿耿於懷，直到 1962 年去世，他的工作室的黑板上還畫著當年愛因斯坦那個光子盒的草圖。

15 布洛赫應用量子力學
伽莫夫提出穿隧效應

　　儘管創立量子力學的幾個理論物理學家分成了兩大派，不停地爭論，但其餘大多數的量子物理學家們卻沒有閒著。他們也許暫時沒考慮如何解釋波函數，到底是電荷分布呢，還是機率分布？但他們（也包括玻愛辯論雙方的主力）卻把新量子論應用到物理的各個方面，解決一個又一個問題，並且取得了可喜的成績。因此，本節聊聊量子力學的應用方面。

● 15.1　量子力學的應用

　　近幾年「量子」這個名詞突然在普羅大眾中熱門起來，同時也造成不少誤解。人們只顧宣傳量子現象之神奇，玻愛爭論之長久，使得有些人心想：「連愛因斯坦都認為不完備的理論」還會有用嗎？加上媒體對量子通訊、量子電腦等的不實報導、宣傳及爭論，更使人如墜五里霧中，以為這些遠遠尚未研究成型的玄妙技術，就是量子力學的應用。

　　量子力學的實際應用，一直伴隨著其理論的發展，量子力學已經出

現 100 多年，它的應用也早在 1920 至 1930 年代就開始了，並非這些年才有的新鮮玩意兒，已經早就不是最尖端的技術了。那麼，量子力學有沒有非它不可的應用？就是說，是否有量子力學就不可能實現的技術？

答案是肯定的，並且這種應用很多。舉兩個簡單的例子 —— 核磁共振和雷射。它們的應用範圍很廣，不用多列舉，大家就能想出一大堆。核磁共振在醫學診斷上不可或缺，雷射更可以說是無處不在，就這兩項應用的原理而言，核磁共振技術上的實現是基於「自旋」的概念，而雷射的實現是基於「全同粒子」、玻色 - 愛因斯坦量子統計等性質。這些都是量子力學中的名詞，沒有量子力學，不可能有這兩項基本發明以及之後發展出來的相關技術。

另一個更大更複雜的領域是半導體技術。最早發現半導體材料的特殊性質的人是法拉第（Michael Faraday, 1791-1867），那時候還沒有量子力學。但是，如果沒有量子力學理論的指導，半導體技術不可能發展成現在這樣越做越小的量產工程。

半導體材料是一種晶體，也就是說其中的原子呈某種週期排列。早在 19 世紀，法國物理學家奧古斯特‧布拉菲（Auguste Bravais, 1811-1863）已經於 1845 年得出了三維晶體原子排列的七大晶系和所有 14 種可能存在的點陣結構，為固體物理學做出了奠基性的貢獻。

半導體技術包括許多方面，最早用實驗方法探索這 14 種晶體結構的，是曾經出席過兩次索爾維會議的布拉格和他的父親。

● 15.2　布拉格父子

1915 年諾貝爾物理學獎授予英國的威廉‧亨利‧布拉格（William Henry Bragg, 1862-1942）和他的兒子威廉‧勞倫斯‧布拉格（William

Lawrence Bragg, 1890-1971），以表彰他們用 X 射線對晶體結構的分析所做的貢獻。圖 15-1 為布拉格父子。

圖 15-1　小布拉格（左）和老布拉格（右）

晶體內部的結構如何？那時候，科學家們剛剛發現 X 射線，或稱為「倫琴射線」。

倫琴射線可以穿透人體顯示骨骼之類的輪廓，令人稱羨。但當時的物理學家對其本質卻還摸不透。人們需要用原子大小的光柵來探索射線的本質，也同時探索了晶體結構！

最早做這件事情的是德國物理學家馬克思·馮·勞厄（Max von Laue, 1879-1960），他因此而獲得 1914 年的諾貝爾物理學獎。後來，便是布拉格父子在這個領域共同上陣。最後，布拉格父子分享了 1915 年的、原來傳聞要頒給特斯拉（Nikola Tesla, 1856-1943）的諾貝爾物理學獎，這是唯一一次父子同上諾貝爾獎臺領獎，被傳為佳話，並且，小布拉格當時只有 25 歲，是迄今為止最年輕的諾貝爾物理學獎得主。

布拉格父子所做的諾貝爾獎級的貢獻，看起來不難理解。如果說勞

厄的工作證實了 X 射線是一種電磁波，布拉格父子則是用這種電磁波開創了 X 射線晶體結構分析學，為後人用 X 射線以及電子波、中子波等研究晶體結構，建立了理論基礎。圖 15-2 是布拉格反射定律的示意圖。由圖可見，對某個入射角 θ，如果從兩個距離為 d 的平行晶面反射的兩束波之間的光程差，正好等於波長 λ 的整數倍時，便符合兩束波互相干涉而加強的條件 $2d\sin\theta = n\lambda$，另外一些角度則可能符合兩束波互相干涉而相消的條件，這樣，我們就能清楚觀察到射線繞射的圖像。

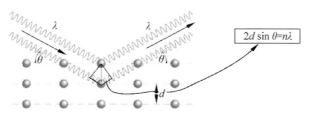

圖 15-2　布拉格定律

　　因為是父子一起獲獎，小布拉格時常會被懷疑有「靠爹得獎」的嫌疑。但事實上並非如此，在關於 X 射線的研究中，小布拉格做出了非常重要的貢獻，得獎是實至名歸。勞厄在 1912 年發現用 X 射線照射晶體時，會形成格子狀點陣。此時的老布拉格已對 X 射線研究多年，並且堅信 X 射線是粒子束。當他得知了勞厄的研究結果後，立即開始設計實驗，想要推翻勞厄的理論。知道父親的想法後，小布拉格也開始研究 X 射線。經過幾個月的反覆探索，小布拉格發現，父親的理論是錯的，X 射線確實是一種電磁波。很快，小布拉格便完成了基於 X 射線是波動在晶體的原子三維矩陣中產生繞射的理論，這個理論後來被稱為「布拉格定律」（Bragg's law）。老布拉格在利茲大學建立了一流的 X 射線研究實驗室，與小布拉格組成了「最佳父子檔」，產生了一系列卓越的研究成果。

15.3　布洛赫波

　　小布拉格曾經出席過兩次索爾維會議。除了布拉格之外，還有一位在兩次索爾維會議上露過面、名為布里淵（Léon Brillouin, 1889-1969）的法國物理學家，也對晶體研究做出不少貢獻。布里淵最重要的貢獻是在晶體倒格子空間中表示的「布里淵區」。然而，真正將量子力學概念用於晶體研究，求解晶體中薛丁格方程式的，是美籍瑞士裔物理學家、1952 年諾貝爾物理學獎得主費利克斯・布洛赫（Felix Bloch, 1905-1983）。

　　布洛赫出生在瑞士蘇黎世。他最初想成為一名工程師，進入了蘇黎世的聯邦理工學院。他在那裡選修了德拜、外爾（Hermann Weyl, 1885-1955）和薛丁格等開設的課程，將興趣轉向了理論物理。薛丁格於 1927 年秋離開蘇黎世後，布洛赫在萊比錫大學拜海森堡為師，並於 1928 年夏天獲得博士學位，其研究方向是研究晶體中電子的量子力學並開發晶體動力學。之後他獲得了各種助學金和研究金，使他有機會與包立、克喇末、波耳、費米等人一起工作，並進一步研究了固態以及帶電粒子的運動 [24]。

　　希特勒上臺後，布洛赫於 1933 年春離開德國，接受了史丹佛大學提供給他的職位，然後一直在美國生活。布洛赫是海森堡的學生。1928 年，當愛因斯坦、波耳等人正在為如何詮釋量子力學而爭論不休的時候，布洛赫卻另闢蹊徑，獨自遨遊在固體的晶格中。他想方設法求解了晶格中電子運動的薛丁格方程式，並以其為基礎建立了電子的能帶理論。

　　電子在晶格中的運動本是一個多體問題，非常複雜，但布洛赫做了一些近似和簡化後，得出的結論直觀而簡明。他研究了最簡單的一維晶

格的情形，然後再推廣到三維。

　　布洛赫首先解出真空中自由電子（勢場為 0）的波函數及能量本徵值。然後，他將影響電子運動的晶格的週期勢場當作一個微擾，如此而得到晶格中電子運動薛丁格方程式的近似解。

　　根據布洛赫的結論，晶格中電子的波函數，只不過是真空中自由電子的波函數，振幅被晶格的週期勢調整後的結果（圖 15-3）。

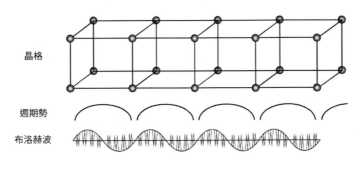

圖 15-3　晶格中的布洛赫波示意圖

　　這個晶格中電子的波函數被稱為布洛赫波。以布洛赫波描述的布洛赫電子之運動而建立的能帶理論，是後來半導體工業及積體電路發展的基礎。

15.4　伽莫夫提出穿隧效應

　　1927 年，德國物理學家洪德（Friedrich Hund, 1896-1997）首次發現，電子波包能反覆穿過勢陷而形成振盪。緊接著，物理學家伽莫夫於 1928 年提出用後來稱為「量子穿隧效應」來解釋原子核的 α 衰變問題。

　　喬治·伽莫夫（George Gamow, 1904-1968）生於烏克蘭，在蘇聯接受教育直到獲得博士學位，師從著名宇宙學家傅里德曼（Alexander Friedmann, 1888-1925）。他於 1928 年有機會來到哥廷根大學與玻恩一起工作，並在那裡思索原子核的衰變問題。

拉塞福最早發現 α 衰變時，從較大的原子核裡面逃跑出來的 α 粒子是氦核，但他無法解釋衰變發生的原因。伽莫夫讀了拉塞福的論文後，認為這是一種「隧道效應」，在經典力學中不可能發生，但在量子力學中就有可能。因為在量子力學中，α 粒子可以一定的機率出現於空間中的任何點，包括原子核外面的點。

有人用「穿牆術」來比喻隧道效應。這個「牆」就是 α 粒子要逃出原子核時需要克服的巨大的吸引力形成的勢壘。

勢壘就像擋在愚公家門口的大山，功力不夠就無法踰越。好比我們騎腳踏車到達了一個斜坡，如果坡度小，腳踏車具有的動能大於與坡度相對應的位能，不用再踩踏板就能「呼」地一下過去了。但是，如果斜坡很高的話，腳踏車的動能小於坡度的位能時，車行駛到半途就會停住，不可能越過去。也就是說，在經典力學中，不可能發生「穿牆術」這種怪事，粒子不可能越過比它的能量更高的勢壘。

但根據量子理論，微小世界裡的 α 粒子沒有固定的位置，是模糊的一團遵循波動理論的「波包」。波包的波函數彌漫於整個空間，粒子以一定的機率（波函數平方）出現在空間每個點，包括勢壘障壁以外的點。換言之，粒子穿過勢壘的機率可以從薛丁格方程式解出來。也就是說，即使粒子能量小於勢壘閾值的能量，一部分粒子可能被勢壘反彈回去，但仍然將有一部分粒子可以一定的機率穿越過去，就好像在勢壘底部存在一條隧道一樣，如圖 15-4[25] 所示。

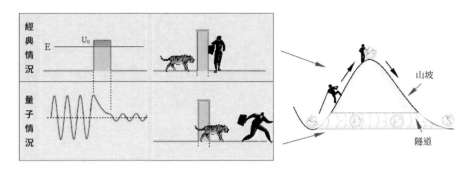

圖 15-4　經典勢壘和量子隧道

穿隧效應解釋了 α 衰變，是量子力學研究原子核的最早成就之一。它不僅解釋許多物理現象，也有多項實際應用，包括電子技術中常見的隧道二極體、實驗室中用於基礎科學研究的掃描穿隧顯微鏡等。

● 15.5　伽莫夫的多方面貢獻

伽莫夫對科學有多方面的貢獻，好幾項都可以說達到了諾貝爾獎級別，但遺憾的是他卻沒有得過諾貝爾獎。

下面列舉幾項伽莫夫除了穿隧效應之外的貢獻：

（1）在原子核物理中始創原子核內部結構的液滴模型（1928 年）。這個模型後來由波耳和惠勒（John Wheeler, 1911-2008）推廣，解釋原子核的分裂，成為研發原子彈的基礎理論。

（2）到劍橋拉塞福實驗室訪學時，與考克饒夫（Sir John Cockcroft, 1897-1967）和沃爾頓（Ernest Walton, 1903-1995）合作。根據他的計算，那兩人設計出加速器，第一次用人工加速的質子分裂原子核，打開了鋰原子核。他們後來獲得 1951 年諾貝爾物理學獎，在獲獎感言中感謝伽莫夫所產生的關鍵作用。

157

（3）與愛德華‧泰勒（Edward Teller, 1908-2003）共同描述自旋誘發的原子核 β 衰變（1936 年）。

（4）在恆星反應速率和元素形成方面引入「伽莫夫」因子（1938年）；建立紅巨星、超新星和中子星模型（1939 年）。

（5）1948 年發展了宇宙的「大霹靂理論」模型。

（6）首先提出遺傳密碼有可能如何轉錄（1954 年）。

（7）寫出一系列科普著作 ——《物理世界奇遇記》、《從一到無限大》。

由於伽莫夫在國外的成就，蘇聯政府將他召回國，並破格授予年僅 28 歲的伽莫夫蘇聯科學院院士稱號。但伽莫夫回到母國的日子並不好過：護照被吊銷，申請出國參加學術活動屢屢被拒，講授量子力學時被領導人叫停，警告不能言及「不確定性原理」這種不符合辯證唯物主義的謬論。

最後，伽莫夫終於有一次機會，在 1933 年蘇聯開始肅反大清洗之前，藉參加第七次索爾維會議時帶妻子離開了蘇聯。

16　「愛神」使出 EPR 殺手鐧
波耳反駁經典哲學觀

　　第五次和第六次索爾維會議，分別成為玻愛之爭第一回合和第二回合的兩個戰場。1933 年，正值納粹上臺、戰火紛飛的年代，儘管第七次索爾維會議按時在布魯塞爾召開，但愛因斯坦和普朗克都未能參加。愛因斯坦因其猶太人的身分被趕出了歐洲，當時正逢他輾轉迂迴、忙於走訪美國之際。普朗克那年已經 74 歲，作為一個德國人，對國家無條件忠誠的傳統意識，經常衝擊著這位正直科學家的良心。因此，經典保守派中只剩下戰鬥力不強的德布羅意和薛丁格出席會議，雙龍無首，兩人都不想發言，這令波耳大大鬆了一口氣。而出席會議的其他人員中，除了瑪里‧居禮、朗之萬、拉塞福等不感興趣兩派之爭的老將外，多是當初熱衷量子力學的年輕人 —— 海森堡、包立、狄拉克、費米、克喇末等，如今好幾位都升級坐到了第一排。因此，會議上哥本哈根派唱獨角戲，似乎看起來量子論已經根基牢靠，論戰塵埃落定。

● 16.1　愛因斯坦在普林斯頓

其實不然，愛因斯坦身在曹營心在漢，即使是漂泊到了異國他鄉，即使是妻子身染重病，但他依舊在苦苦思索量子力學的問題。

愛因斯坦最得意的是他的兩個相對論，最令他頭痛又牽腸掛肚的，卻是量子力學。如何理解量子力學衍生的許多結果？這是他一個難治的心病。

1933 年底，愛因斯坦成為普林斯頓高等研究院的常駐教授，他為自己招了兩名助手（圖 16-1），波多爾斯基與羅森。

鮑里斯・波多爾斯基（Boris Podolsky, 1896-1966）是一名生於俄國的猶太人，於 1911 年移民美國。1928 年，波多爾斯基從加州理工學院獲得博士學位之後，於 1930 至 1933 年間回到蘇聯，曾在烏克蘭物理技術研究所擔任理論物理主任。

納森・羅森（Nathan Rosen, 1909-1995）是出生於紐約布魯克林的猶太人，就讀於麻省理工學院，開始學習電機工程，之後轉行物理獲得博士學位。（羅森的妻子漢娜是一位出色的鋼琴家，曾用鋼琴為愛因斯坦的小提琴演奏伴奏。）

有一次，在下午 3 點的傳統茶會中，羅森向愛因斯坦提到了他 1931 年做過的一個關於氫分子基態的工作，其中涉及與兩個粒子相關的波函數。愛因斯坦立即得到啟發，想到了他與波耳的長期分歧，意識到可以由此設計一個思想實驗，反映、突顯出量子力學理論不完備的問題。當他們倆討論問題時，波多爾斯基加入了對話，後來提議寫一篇文章，愛因斯坦默許了。出於語言因素，提交給《物理評論》的論文由波多爾斯基執筆，後來人們將其稱為 EPR 論文，EPR 是 3 位作者姓氏的第一個字母（圖 16-1）。

圖 16-1　EPR 三位作者

（a）愛因斯坦；（b）波多爾斯基；（c）羅森

　　愛因斯坦起初對波多爾斯基的能力非常欣賞。儘管對他所寫的 EPR
論文不是十分滿意，認為「不是我最初想要的那樣」，但同意出版。後
來，波多爾斯基同時在《紐約時報》發表了一篇有關 EPR 論文的預告，
以某種方式暗示作者們發現了量子力學的瑕疵。愛因斯坦對此很生氣，
認為波多爾斯基過於誇大，他提出聲明：「我的一貫做法是僅在適當的
論壇上討論科學問題，我不贊成在世俗媒體中提前發布有關此類問題的
任何公告。」此後，愛因斯坦不再與波多爾斯基交談。

16.2　EPR 論文

　　愛因斯坦並不是一個頭腦僵化的老頑固，實際上，他不停地在修正
他對量子力學的看法。即使是對於他最難以接受的機率解釋，愛因斯坦
的看法也有所改變。早在 1931 年，愛因斯坦就已經承認，當應用於多個
粒子構成的統計系綜時，機率解釋是正確的。但是他無論如何也不同意
對單個粒子行為的機率描述。

　　與波耳有過前兩次交鋒之後，愛因斯坦不得不承認量子力學在邏輯上是具一致性的，從波耳反擊的論點中，挑不出很多毛病。愛因斯坦也不得不承認量子力學是正確的，因為判定一個物理理論正確與否是看它與實驗符合的程度。量子力學得到了精確的實驗驗證，足以說明其正確性。

　　但愛因斯坦總覺得量子力學有什麼地方不對勁，特別是那個不確定性原理！換句話說，愛因斯坦認為，量子力學是正確的，或許也是邏輯一致的，但是並不完備。

　　愛因斯坦等 3 人的文章（EPR 論文）便是要指出量子力學的不完備性，所以，文章的標題是〈描述物理實在的量子力學是完備的嗎？〉[26]。

　　要證明量子力學不完備，首先需要解釋「完整性」（completeness）。EPR 論文的作者認為，一個完整的物理理論必須滿足一個必要條件：「物理實在的每個元素都必須在理論中有它的對應物。」

　　這又產生了問題：什麼是「物理實在」（或客觀實在）？

　　於是，3 位作者又給出客觀實在的判斷標準：如果在不擾動系統的合理前提下，可以準確地預測某個物理量，這個物理量就應該在完備的理論中有它的能被準確預測的對應物。

　　不擾動系統的合理前提，實際上就是愛因斯坦等人經常強調的定域實在性。

　　3 位作者的 EPR 論文中，提到一個思想實驗，之後被薛丁格命名為「量子糾纏」，這個現象與「定域實在性」有關，被愛因斯坦形容為「鬼魅般的超距作用」。

16.3　量子糾纏

　　就量子力學的觀點而言，薛丁格是愛因斯坦最忠實的信徒。1934年，薛丁格曾經到普林斯頓大學講學，之後校方希望聘請他；但薛丁格拒絕了，回到了奧地利。EPR 論文發表後，和薛丁格經常書信往來的愛因斯坦，在 1935 年 8 月的信中提及了一個火藥處於爆炸與不爆炸「疊加態」的「經典案例」，後來被薛丁格發展完善後用「死活」狀態疊加的「貓」來描述，此即著名的「薛丁格的貓」。

　　薛丁格貓的例子，用以比喻量子力學中對單個粒子「疊加態」的機率解釋，亦即在測量之前，微觀粒子的狀態是不確定的，可能的本徵態以一定的機率疊加起來。

　　如果考慮不止一個粒子的系統，則除了本徵態疊加之外，粒子和粒子之間還有互相關聯，量子糾纏便用來表述這種關聯。

　　如圖 16-2 所示，量子糾纏中，描述了一個不穩定的大粒子衰變成兩個小粒子（A 和 B）的情況。大粒子分裂成兩個同樣的小粒子。小粒子獲得了動能，分別向相反的兩個方向飛出去，A 和 B 的位置和動量都保持等值反號。也就是說，兩個構成量子糾纏態的粒子 A 和 B，將會相距越來越遠，越來越遠……但根據守恆定律，無論相距多遠，只要不與別的「第三者」相互作用，它們的速度（位置）永遠相等反向。

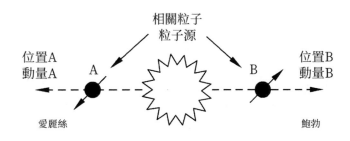

圖 16-2　兩個粒子的量子糾纏

　　然後，愛因斯坦等 3 位作者，用這個例子指出量子力學的不完備性：

　　觀察者愛麗絲和鮑勃分別在兩邊對兩個粒子進行測量。例如，愛麗絲可以測量粒子 A 的速度（動量），她知道 A 的速度後，也就知道了 B 的速度，鮑勃無須再測量 B 的動量，而只需要精確地測量 B 的位置。這樣的話，B 在某一時刻的位置和動量就能夠精確地被定義！這一點違背了哥本哈根派所解釋的「不確定性原理」，形成了悖論，也就是後人稱為的 EPR 悖論。

　　由上所述，位置和動量兩者都是客觀實在的，但量子力學卻不能給出它們確定的值。因此，EPR 論文的作者們便下結論說：在「定域實在性」的前提下，量子力學是不完備的。

● 16.4　波耳怎麼說？

　　EPR 論文在量子力學界掀起一陣風浪，包立要求海森堡撰寫了一篇反駁的草稿但並未發表。因為波耳已經代表哥本哈根派表態了。對愛因斯坦的第 3 次挑戰，波耳不敢怠慢，立即放下手中所有其他的工作，認真閱讀和思考 EPR 作者們提出的問題。這時的波耳已經不比前兩個回合那般手足無措，他深思熟慮之後，很快就明白了愛因斯坦的癥結所在。幾個月後，波耳以同樣的標題在《物理評論》發表了文章。波耳更仔細地闡明了他的「互補性原理」，並以此出發反駁 EPR 論文關於物理實在性的描述。

　　波耳認為 EPR 論文中提出的關於物理實在性的判據是站不住腳的。波耳認為：量子現象是一種整體性的概念，測量手段會影響物理系統的波函數，只有在完成測量以後，物理現象才能稱得上是一個現象。EPR 論文中描述的 A 粒子和 B 粒子的雙粒子糾纏態，是一個相互連繫的整

體，對其中任何一個粒子的測量，必定會擾動原先作為整體的另一個粒子的狀態。因此，EPR 的論證無法說明量子力學的不完備性 [27]。

　　總之，EPR 論證未被波耳接受，波耳的反駁也不能令愛因斯坦信服。在 EPR 的「經典實在論」看來，量子力學是不完備的，而在波耳的「量子實在論」看來，量子力學是非常完備和一致的。這次論戰將對量子力學的看法上升到哲學的層面，最後只能各自保留不同的觀點，因為那是兩人的哲學基礎完全不同而造成的。哲學觀的不同是根深蒂固、難以改變的。愛因斯坦最後被自己提出的量子糾纏所糾纏。即使在之後的二三十年中，波耳的理論占了上風，量子論如日中天，它的各個分支高速發展，為人類社會帶來了偉大的技術革命；但愛因斯坦仍然固執地堅持他的經典信念，反對哥本哈根派對量子論的詮釋。

第四篇　實驗、哲學、數學

　　愛因斯坦與波耳的爭論，有深厚的哲學意涵。不過，貝爾用了一個不等式，將其轉換回到物理領域，成為一個用實驗可以檢驗的物理問題。隨著 20 世紀下半葉高科技的飛速發展，實驗技術也大大改進，便有許多實驗物理學家進行驗證貝爾不等式的工作。無論如何，量子力學中迥然不同於經典世界的奇妙現象，啟發人們思考了許多哲學問題。對此，數學家們也不甘示弱地參與進來。數學和物理本來就是同源的兄弟，關係十分緊密。在量子力學的發展過程中，是偉大的數學家馮紐曼在 1932 年的研究，將量子力學進行嚴謹的公式化，為量子力學奠定了重要的數學基礎 [28]。本部分我們就簡單介紹一下貝爾不等式導出之後，各方人士在這方面所做的工作。

17　玻姆思考隱變數　貝爾導出不等式

　　愛因斯坦的 EPR 悖論可算是當年對量子物理最致命的一擊。不過，被波耳反駁，並上升為兩派的哲學分歧之後，大多數物理學家便不想繼續糾結於如何理解量子力學的問題，而是「閉上嘴做計算」；在第二次世界大戰前後，量子物理在理論、實驗及應用方面，都取得了可觀的成就。理論方面，有費曼（Richard Feynman, 1918-1988）、狄拉克、戴森（Freeman Dyson, 1923-2020）等人建立的量子電動力學，被費曼譽為「物理學的瑰寶」，因為它為相關的物理量（如電子磁矩及氫原子能階躍遷）提供了非常精確的預測值。量子電動力學之後發展為量子場論、結合非阿貝爾的規範場論之後，又建立了標準模型、大統一理論、弦論、超弦理論等，使物理走上統一的道路 [29]。另外，在量子物理及能帶理論的基礎上，固體物理、半導體物理蓬勃發展，肖克利（William Shockley, 1910-1989）、布拉頓（Walter Brattain, 1902-1987）、巴丁（John Bardeen, 1908-1991）等成功地製造出電晶體和積體電路，在當代電子技術中大放異彩，為人類文明做出了有目共睹的巨大貢獻。之後，巴丁、朗道、安德森（Philip Anderson, 1923-2020）等學者開創的凝聚態物理，至今方興未艾，成為物理學中最大、最具吸引力的分支 [30]。

總是有那麼一部分理論物理學家，放不下量子力學的基礎概念問題。因此，除了哥本哈根詮釋之外，後來又有了系綜詮釋、多世界詮釋等。本節中簡單介紹一下玻姆的隱變數詮釋，以及之後引發的貝爾的著名研究。

● 17.1　隱變數理論

玻姆的隱變數理論，也是一種量子力學詮釋，亦稱因果性詮釋、存在性詮釋等。因為最早源於德布羅意的導航波理論，所以也被稱為德布羅意 - 玻姆理論。

在 1927 年的第五次索爾維會議上，德布羅意自然是站在愛因斯坦一邊，並且針對玻恩的機率詮釋，他提出了導航波理論，即認為粒子具有確定的空間軌跡，將連續的波函數解釋為附著在粒子上引導粒子運動的導航波。但包立在會上指出，導航波理論無法解釋非彈性散射，德布羅意也不再爭辯。此後，導航波理論漸漸被物理學界遺忘，直到 1950 年代初，在玻姆的隱變數理論下又讓它復活。

戴維 · 玻姆（David Bohm, 1917-1992）是在美國出生的猶太人，讀博士時師從羅伯特 · 奧本海默（Robert Oppenheimer, 1904-1967）。奧本海默後來在第二次世界大戰時領導洛斯阿拉莫斯實驗室，參與曼哈頓計畫，最後造出原子彈，因而被稱為「原子彈之父」。玻姆也參與曼哈頓計畫，但後來（1949 至 1950 年）受麥卡錫主義的迫害，被迫離開美國，連護照也被吊銷。因此，出生於美國的玻姆，最後任職於倫敦大學伯貝克學院，算是英籍物理學家。

玻姆在加州大學柏克萊分校讀博士學位時，開始迷戀量子力學的理論，1947 年，玻姆經奧本海默舉薦到普林斯頓大學任助理教授時，寫

了一部《量子理論》的書，並將他的書分別寄給了愛因斯坦、波耳和包立。玻姆的書完全是基於哥本哈根詮釋，包立回信讚揚他寫得好，但卻沒有得到波耳的答覆，也許是因為戰亂時期的原因。玻姆在書中用自旋系統重新表述了 EPR 實驗，並且也提到了量子力學的非定域性，因此受到了愛因斯坦的高度評價。

當年的玻姆 30 歲，正雄心勃勃，愛因斯坦已將近 70 歲，但兩人都住在普林斯頓，便經常有交談的機會。玻姆接受了愛因斯坦對量子力學的觀點，也認為量子世界的不確定性只是表面現象，一定有更深層的使不確定性變為確定的未知因素。因此，玻姆決心要對主流正統觀點提出挑戰，試圖找到一種能完善量子理論的決定論方法，讓量子力學回歸經典。從那時開始，雖然玻姆後來被迫離開美國，流落他鄉，但探尋隱變數理論成了他一生的研究方向。後來，玻姆放棄了「隱變數」一詞，把他的解釋稱為本體論或量子勢因果解釋。

1952 年，玻姆改進德布羅意的導航波想法，建成了一個既具有經典牛頓力學確定性而其行為又符合量子力學預測的隱變數模型。

玻姆將德布羅意的導航波發展成了「量子勢」的概念，認為微觀粒子運動過程中仍然有一條經典的、位置和動量都能同時確定的「軌道」。但軌道不能被看見，是因為粒子的位置及動量是被隱藏起來了的隱變數。

玻姆的量子力學因果解釋的核心思想涉及兩類變數：一類是有連續徑跡的粒子變數；另一類是遵從薛丁格演化方程式的波函數。量子力學中的薛丁格方程式是與經典物理的哈密頓量相對應的，玻姆將薛丁格方程式分成兩個方程式，一個解出粒子的經典軌跡，但這個軌道看不見，因為它被另外一個由「量子勢」決定的波動方程式的解所掩蓋。量子勢是一切量子效應的唯一緣由。

現在看來，比之機率詮釋，玻姆理論有一個優越性，就是不需要波函數塌縮這個過程。量子勢是一種非定域性的能量場，它綜合了整個宇宙中所有對這個電子的可能影響，從而使這個電子的行為具有確定性。粒子的運動行為被量子勢引導，就像雷達波指引輪船的航行一樣。

因為玻姆的隱變數解釋仍然承認薛丁格方程式，只是稍微改動了一點，所以可以重現量子力學得到的所有實驗結果，它只是在詮釋上與機率解釋不一樣而已。也正是因為這個原因，這個理論不受到重視，兩方都不討好，哥本哈根派認為它沒有新意，愛因斯坦則認為玻姆的解決方案是「廉價的」，況且他也不喜歡玻姆提出的非定域性的「量子勢」。

不過，仍然有一個人喜歡玻姆的隱變數理論，那就是英國物理學家約翰・貝爾（John Bell, 1928-1990）。

● 17.2　貝爾不等式

本書中我們經常提到思想實驗，諸如薛丁格的貓，愛因斯坦的光子盒以及後來的 EPR 悖論。理論物理學家們熱衷思想實驗，是因為物理理論終究必須用實驗來驗證。然而，思想實驗和真正在實驗室裡能夠實現的實驗，仍然有很大的差別。有些思想實驗根本無法實現，有些需要從當時的實驗條件加以改造。

英國物理學家約翰・貝爾多年供職於歐洲高能物理中心，做加速器設計工程有關的工作。但他對量子理論頗感興趣，業餘時間經常思考相關問題。

從波耳和愛因斯坦的爭執我們看到，雙方爭執的關鍵問題是：愛因斯坦這邊堅持的是一般人都具備的經典常識，認為量子糾纏的隨機性是

表面現象，背後可能藏有「隱變數」；而波耳一方更執著於微觀世界的觀測結果，認為這些結果並不支持隱變數理論，微觀規律的本質是隨機的。

貝爾基本是支持愛因斯坦一派的，也感興趣於玻姆的隱變數。試圖用實驗來證明隱變數的存在。那麼，一般而言，什麼是隱變數呢？具體涉及 EPR 論文中兩個糾纏粒子時，可以以雙胞胎為例來解釋。人們經常發現一對同卵雙胞胎之間有許多不可思議的相似處，似乎有一種超距的心靈感應在發揮作用，當我們研究了他們的基因後，許多謎團就迎刃而解了。他們之間超常的關聯並不是來自超距作用，而是由他們的基因決定的！基因就是隱變數。這樣的話，EPR 悖論中那一對糾纏著的粒子，它們的行為互相關聯的原因，也可能得追溯到它們出生的時候，可能是因為在它們出生時，就帶著指揮它們今後的行動的指令，也就是它們的「基因」，或稱隱變數。

不過，要找出量子糾纏態背後的隱變數可不是那麼容易的。微觀世界中的粒子，不像複雜的生物體，生物體還有大量的組織、結構、基因可以研究。什麼電子、中子、質子，看似簡單卻不簡單，都是些捉摸不透的傢伙，還有那個抓不住、摸不著，虛幻縹緲、轉瞬即逝的光子。這些微觀粒子，沒有「結構」可言，隱變數能藏在哪裡呢？

儘管不能明確地指出隱變數是什麼，但也有可能研究一下，如果存在隱變數，它們將會如何影響一對糾纏粒子被分別測量的結果？

談到量子力學理論時，將微觀粒子描述成一個一個的，但一般而言，在實際測量中，一個量子力學系統的特性，表現在實驗測量的統計數據中。

貝爾便是沿著這條機率統計的思路想下去的。比如，假設隱變數 λ 存在，我們雖然不知道這 λ 是什麼，但是，既然這隱變數能影響粒子的

行為，那麼，粒子的某個可觀測量，比如電子的自旋，就總該和 λ 有一定的關係，應該是這個 λ 的函數的統計平均值。

最後，貝爾推導出了一個不等式，後來人們稱之為貝爾不等式[31]。也就是說，如果一個系統存在隱變數，它的統計測量結果就應該符合這個不等式，否則就不存在隱變數。

貝爾不等式可寫成如下形式：

$$|P_{xz}\text{-}P_{zy}| \leq 1+P_{xy}$$

不等式中的 P，是 $(x，y，z)$ 3 個測量方向中兩個之間的相關函數，我們舉一個日常經典統計的例子來說明相關函數和貝爾不等式。

有人調查養老院老年人的身體狀況，具體來說，了解哪些人高血壓，哪些人高血糖，哪些人高血脂。調查結果可以用圖 17-1 來描述。

圖 17-1 中的 A、B、C3 個圓圈內的部分分別表示高血壓、高血糖、高血脂的老人的集合。這 3 個圓圈有一定的部分重疊在一起，將整個分布空間分成 8 個區域，分別對應於這 3 種「高」與「低」的 8 種組合 [圖 17-1（a）]。

圖 17-1（b）列出了 3 個相關函數 P_1、P_2、P_3，實際上還有很多別的相關函數，寫下這 3 個是為了說明圖 17-1（b）的貝爾不等式。例如，P_1 的意思是高血壓但沒有高血糖的人，描述了「高血壓」和「沒有高血糖」的關聯。當然，也許這兩個現象在醫學的意義上可能沒有多少關聯，這裡只不過是定義了一個可測量（調查）的函數而已。類似地，P_2 是高血糖但沒有高血脂的人，P_3 是高血壓但沒有高血脂的人。

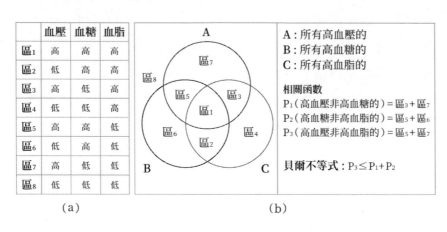

圖 17-1　調查統計的例子

　　圖中的貝爾不等式很容易用數學圖像來驗證，因為 P_1 等於區 $_3$+ 區 $_7$，P_2 等於區 $_5$+ 區 $_6$，它們的和（記為 P_{12}）等於（區 $_3$、區 $_7$、區 $_5$、區 $_6$）4 個區域面積相加，而 P_3 等於區 $_5$ 加上區 $_7$，只是 P_{12} 的一部分，當然要小於 P_{12}。

　　圖 17-1（b）中的不等式與前面所寫的原始的貝爾不等式稍有不同，這是因為具體研究的對象不一樣，實際上，貝爾不等式有多種不同的形式。廣義而言，「貝爾不等式」一詞可以指隱變數理論所滿足的許多不等式中的任何一個。當有隱變數存在時，類似於剛才經典統計例子所描述的，相關函數都會符合貝爾不等式。剛才我們用圖像的方法證明了上面的例子符合貝爾不等式，在現實生活中，還可以用統計方法來驗證貝爾不等式。我們可以調查養老院老人的「三高」中每種情況的人數，然後再計算以上所定義的相關函數，就可以驗證貝爾不等式是否成立。

　　在量子力學的實驗中，我們可以定義與上述例子類似的、有可能在實驗室裡測量的相關函數，便可以檢查測量結果是否符合貝爾不等式，作為被觀測系統是否存在隱變數的判據。

　　換言之，如果隱變數存在，測量結果便應該符合貝爾不等式；反之，如果測量結果違背貝爾不等式，說明系統中不存在隱變數。

　　總結一下貝爾不等式的意義：貝爾是從定域隱變數的假設出發，使用經典統計規律得到這個不等式的。因此，如果系統中存在隱變數，測量 3 個相關機率的結果，便會符合不等式；如果結果違背了不等式，便說明系統中不存在定域隱變數。用於量子糾纏系統，便可以決定隱變數是否存在。因此，貝爾不等式將愛因斯坦等提出的 EPR 悖論中的思想實驗，推進到真實可行的物理實驗；將波耳和愛因斯坦原來那種帶點哲學味道的辯論轉變為實驗結果的定量判定。貝爾於 1990 年 62 歲時，因腦溢血而意外去世，遺憾的是，貝爾並不知道，那年他被提名為諾貝爾物理學獎。貝爾的原意是支持愛因斯坦，找出量子系統中的隱變數，但由他的不等式而導致的實驗結果卻是適得其反，這點讓貝爾很糾結，因此，他直到去世前還在研究如何修正正統的測量理論和波函數塌縮理論。

18　費曼是物理頑童　惠勒為一代宗師

● 18.1　費曼和惠勒

　　理查·費曼（Richard Feynman, 1918-1988），恐怕是近年來在科學界之外最廣為人知的美國物理學家。他對物理學及科技界有多方面的貢獻，包括提出量子電腦的設想，以及用簡單的物理方法為一次太空事故「破案」等。

　　費曼於 1918 年生於紐約一個猶太人家庭。他後來廣為人知是因為他那幾本頗為精彩的、描寫他自己人生趣事的自傳性小冊子《別鬧了，費曼先生》和《你管別人怎麼想》等。不同於一般人眼中理論物理學家的嚴謹刻板形象，費曼是個充滿傳奇故事的科學頑童[32]，是智慧超凡的科學鬼才！他是物理學家，也是邦哥鼓手；是開保險箱的專家，又是一位賣過自己繪畫作品的業餘畫家！

　　中學畢業後，費曼進入波士頓的麻省理工學院讀本科，再後來到普林斯頓大學讀博士，師從約翰·惠勒（John Wheeler, 1911-2008）。惠勒是本節中我們要介紹的另一位著名的量子人物，是出生於佛羅里達州的美國理論物理學家，量子及廣義相對論領域的重要學者和宗師。

惠勒 21 歲時慕名去哥本哈根投奔到波耳旗下，後來回到美國成為普林斯頓大學教授時，又與在普林斯頓高等研究院的愛因斯坦有密切往來和合作。因此，他十分了解波耳與愛因斯坦有關量子力學的辯論，也激發了自己對量子物理的極大興趣。

費曼對量子物理的最大貢獻當屬他的從最小作用量原理，延拓應用到量子力學和量子場論的「路徑積分表述」。這個想法從他在惠勒指導下撰寫博士論文開始，後因第二次世界大戰而中斷，到 1948 年才最後完成。

在量子力學建立初期，可以基本上認為它有兩套綱領：海森堡等人的矩陣力學和薛丁格的波動力學。但實際上它們在數學上是完全等效的，僅僅從表面上看似乎分別偏向於粒子能階躍遷的解釋和波動解釋。之後，狄拉克將波動方程式擴大到能夠處理相對論粒子和自旋，使得量子力學應用起來更為完善並且開啟了量子場論的發展。

費曼將最小作用量原理應用到量子力學，提出費曼路徑積分的概念，這是對量子論一種完全嶄新的理解，並且也開闢了一條從量子通往經典的途徑。

高中時代的費曼第一次聽他的老師巴德給他講到最小作用量原理[33]，便為它的新穎和美妙所震撼。這種感受一直潛藏在費曼腦海深處，之後轉化成一支「神來之筆」，使他在量子理論中勾畫出路徑積分以及費曼圖這種天才的神思妙想。

作為一個大學生，費曼在麻省理工學院了解到量子電動力學面臨著無窮大的困難。費曼立下雄心大志：首先要解決經典電動力學的發散困難，然後將它量子化，從而獲得一個令人滿意的量子電動力學理論。費曼憑直覺把這個無窮大的原因歸結為兩點：一是因為電子不能自己對自己產生作用；二是來源於場的無窮多個自由度。當費曼來達普林斯頓大

學成為約翰・惠勒的學生之後，他將自己的想法告訴惠勒。惠勒比費曼大 7 歲，是波耳和愛因斯坦兩位名師手下的高徒，他對物理學的理解顯然比當時的費曼更勝一籌。惠勒當即指出費曼想法中幾個錯誤所在，但也保留了這個年輕人想法中的某些精華部分。在惠勒的指導和幫助下，費曼興致勃勃地開始了他的博士研究課題。不久之後，兩人首先合作解決了經典電動力學中的無窮大問題。

費曼因為對量子電動力學的傑出貢獻，被授予 1965 年的諾貝爾物理學獎。惠勒雖然未得諾貝爾獎，但絕對是物理學界的領袖級人物，被譽為哥本哈根學派的「最後一位大師」。

18.2　費曼路徑積分

費曼始終沒有忘記中學時聽到最小作用量原理時帶來的震撼，總想將其引入量子力學，但屢試屢敗毫無進展。不想在一次酒吧聚會（大約是第二次世界大戰時期）上，偶遇一個到普林斯頓訪問的歐洲學者，費曼問他是否知道有誰在量子力學中引進過作用量的概念？那位學者說：「有啊，狄拉克就做過！」

這時，費曼才知道狄拉克在 1933 年（距當時好幾年前）的一篇文章中就已經做過類似的研究。於是，費曼迫不及待地去圖書館找來了那篇論文，理解並發展了狄拉克的想法，幾年來的冥思苦想終於在狄拉克文章的啟發下得到了答案。之後，在此基礎上，費曼進而提出了與最小作用量原理相關的量子力學路徑積分法。

什麼叫「路徑積分」呢？我們可以分別從牛頓力學中粒子走過的路徑，以及光波的行進路徑兩個方面來理解。

　　在經典力學中，粒子的運動遵循牛頓運動定律。由牛頓運動方程式解出來的是粒子的空間位置隨著時間而變化的一條曲線。例如，考慮按照一定的速度和角度發射出去的子彈的軌跡，是一條從發射源到目標的一條拋物線，如圖 18-1 所示的紅色實線。

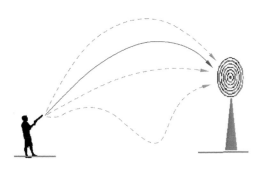

圖 18-1　牛頓力學決定的經典路徑

　　從圖 18-1 中可以看到，從發射源到目標點可以有很多條路徑。為什麼子彈就單單挑了這一條路來走呢？這個問題問得奇怪，不是有牛頓定律嗎？是啊，粒子路徑，那條紅實線，是在地球重力場中牛頓方程式的解。不過，我們也可以用最小作用量原理來理解：每條路徑都對應於一個稱為「作用量」的數值，而紅色路徑對應的是作用量最小的那條路徑。

　　以上是從粒子運動的觀點來理解：不同路徑中的經典軌道對應於作用量最小的那條軌道。下面再考察一下光波的情況。

　　如果從幾何光學來考慮，有點類似於經典粒子的情況，如圖 18-2（a）所示，幾何光學中的最小作用量原理就是費馬原理，即光線只走光程最短的路徑（均勻介質中的直線）。

　　然而，光的波動理論，由惠更斯原理 [圖 18-2（b）] 來解釋。惠更斯（Christiaan Huygens, 1629-1695）將行進中的波陣面上任一點都看作一

個新的次波源，這些次波源發出的所有次波下一時刻所形成的包絡面，就是原波面在一定時間內所傳播到的新波面。換言之，如果從路徑的觀點，可以說，從光源到接收點的每條路徑都有貢獻，接收處的光強是所有路徑貢獻之疊加。

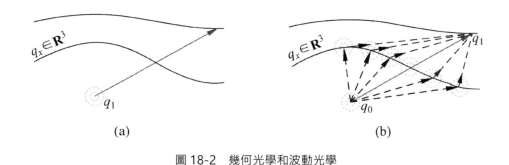

$$q_x \in \mathbf{R}^3 \qquad q_1$$

(a)

$$q_x \in \mathbf{R}^3 \qquad q_1 \qquad q_0$$

(b)

圖 18-2　幾何光學和波動光學

（a）幾何光學：直線傳播只有一條路徑；（b）波動光學：惠更斯原理所有路徑貢獻的疊加

注：從點 q_0 到點 q_1 透過可能的中間點 $q_x \in \mathbb{R}^3$ 的所有可能路徑的計算代表了路徑積分的核心。粉色圓圈表示惠更斯波的輻射。

現在我們回到量子力學的情況。量子力學中的粒子既是粒子又是波，所以具有上述粒子與波的共同特點。量子力學中機率波的傳播方式基本上與圖 18-2（b）的解釋類似。

所以現在，我們有了 3 種方法來描述量子力學：除了薛丁格的微分方程式、海森堡的矩陣力學之外，又有了費曼的方法！這 3 種表述都能得到同樣的波函數。

後來，費曼試圖將這個做法應用到狄拉克的相對論性量子理論時，碰到了困難。再後來，費曼參加到原子彈研究的曼哈頓計畫中，無暇顧及這個理論問題。不過他在 1942 年以此思想為基礎完成了他的博士論文

〈量子力學中的最小作用原理〉。第二次世界大戰之後，費曼受聘於康乃爾大學，繼續他對量子理論問題的探討。幾年之後，費曼在他的博士論文的基礎之上，完善了作用量量子化的路徑積分方法。他於 1948 年在《現代物理評論》上發表的〈非相對論量子力學的空一時描寫〉便是其跨時代的代表作。幾乎同時，費曼也成功地解決了量子電動力學中的重整化問題，創造出了著名的費曼圖和費曼規則，用以方便快捷地近似計算粒子和光子相互作用問題。

約翰‧惠勒是筆者 1980 年代在奧斯汀大學讀博士學位時的老師，他曾經對筆者描述過一段故事：惠勒十分欣賞費曼的路徑積分方法，大約是 1948 年，他將費曼的論文交給愛因斯坦看，並對愛因斯坦說：「這個研究不錯，對吧？現在，你該相信量子論的正確性了吧！」愛因斯坦並未直接對費曼文章發表看法，而是沉思了好一會兒，臉色有些灰暗，快快不快地說：「也許我有些什麼地方弄錯了。不過，我仍舊不相信老頭子（上帝）會擲骰子！」

儘管費曼的路徑積分思想完全不同於矩陣和波動力學，但它並未改變機率概念，只是改變了計算機率的方法。因此，費曼對量子力學的觀點，是基本屬於統計解釋一派，只不過，他不是用解微分方程式的方法，而是用（路徑）積分的方法來計算機率而已。

微分方程式是定域的，積分的方法是整體的。這是看問題的兩個不同角度，費曼的路徑積分使我們從另一個角度來理解量子力學。

如圖 18-3 所示，根據路徑積分法，從一個時空點 (A, t_A) 到另一個時空點 (B, t_B) 的機率幅，來自所有可能路徑的貢獻，每一條路徑的貢獻的幅度一樣，只有相位不同，而其相位則與經典作用量有關，等於$S/\hbar$。

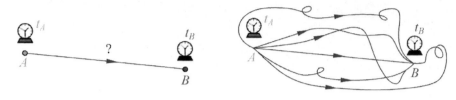

圖 18-3　經典到量子

　　這裡ħ是約化普朗克常數。因此，ħ正好具有作用量的量綱，可以把它看作是作用量的量子，而$S/ħ$表明了對應於每條路徑的作用量S的量子化。換言之，路徑的作用量子的數目決定了該路徑對機率幅的貢獻。

　　更為奇妙的是，路徑積分在經典物理和量子物理之間架起了一座橋梁。以宏觀角度來說，作用量子ħ是個很小的量，因此，對每條路線，S都比ħ大很多，對該路線的鄰近路徑而言，相位的變化非常巨大而使這些路徑貢獻的機率幅相互疊加、互相抵消。但有一條路徑附近的機率幅不會完全抵消，那就是與這條路徑鄰近的、相位變化不大的、基本相同的那條路徑，也就是作用量S的變分為 0 的路徑。實際上，那就是經典粒子的路徑！如此一來，量子現象就過渡到了經典的運動軌跡，表明了量子力學路徑積分與經典力學中最小作用量原理之間有更深一層的關係。

18.3　雙縫實驗

　　費曼不僅對科學做出貢獻，而且十分重視物理學在大眾中的普及。他的講課影片如今仍然被視為經典，他的著作《費曼物理學講義》是最容易被理解的專業作品。他在「楊氏光學實驗」的基礎上，推崇電子雙縫實驗，認為這個實驗所展示的現象，是量子力學所特有的，包含了量

子力學的深層奧祕，不能以古典方式予以解釋。2002 年，《物理世界》雜誌評出十大經典物理實驗，「楊氏雙縫實驗用於電子」名列第一名[34]。

　　遠早於量子力學之前就有了楊氏雙縫實驗，它用干涉效應證明了光的波動性。用電子束代替光波，來做雙縫實驗，也能得到干涉圖像，圖 18-4 是電子雙縫實驗的示意圖，圖 18-5 是電子波在各種情形下的干涉條紋。

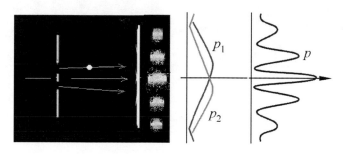

圖 18-4　電子雙縫實驗的示意圖

　　我們可以模仿子彈發射的情形，用電子槍將電子一個一個地朝著狹縫發射出去（圖 18-4）。

　　實驗觀察結果也顯示，電子的確是像子彈那樣，一個一個到達螢幕的，如圖 18-5 所示，對應於到達螢幕的每個電子，螢幕上出現一個亮點。隨著發射的電子數目的增加，亮點越來越多，越來越多……當亮點多到不容易區分的時候，接收面上顯示出了確定的干涉圖案。這是怎麼一回事呢？這干涉從何而來？從電子雙縫實驗，我們會得出一個貌似荒謬的結論：一個電子同時透過了兩條狹縫，然後，自己和自己發生了干涉！

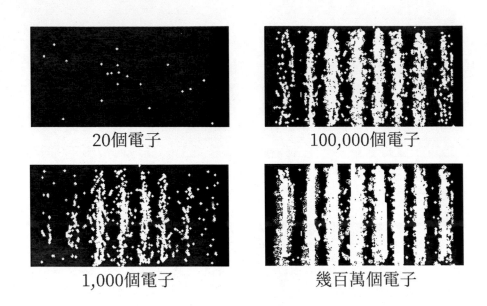

20個電子　　　　　　　　100,000個電子

1,000個電子　　　　　　　幾百萬個電子

圖 18-5　電子波在各種情形下的干涉示意圖

　　因此，雙縫實驗的結果表明：電子的行為既不等同於經典粒子也不等同於經典波動，它和光一樣，既是粒子又是波，兼有粒子和波動的雙重特性，這就是波粒二象性。電子和光，都具有波粒二象性，既是粒子又是波，這正是量子力學所描述的微觀世界的祕密。

18.4　惠勒的延遲選擇實驗

　　第二次世界大戰期間，惠勒、費曼和波耳都參與到曼哈頓計畫中。他們研究過原子核分裂液滴模型，解決了反應堆的設計和控制等問題。惠勒在愛因斯坦逝世後，成為相對論領域的領頭人。惠勒重視人才培養，學生眾多。除了費曼之外，還有黑洞熱力學奠基人之一的雅各布・貝肯斯坦（Jacob Bekenstein, 1947-2015），2017 年諾貝爾物理學獎的得主之一基普・索恩（Kip Thorne, 1940-）等，都是他的優秀學生中的典型

例子。

惠勒在晚年時，經常思考量子力學中的哲學問題，並構想思想實驗。1979 年，為紀念愛因斯坦 100 週年誕辰，在普林斯頓召開了一場討論會，會上惠勒提出了「延遲選擇實驗」的構想。

延遲選擇實驗實際上是電子雙縫實驗的變種。電子雙縫干涉實驗已經很奇怪，「光子延遲選擇實驗」就更奇妙了。

首先，我們再繼續介紹一下電子雙縫干涉實驗的奇怪之處。

哥本哈根派的主流詮釋認為，觀測會影響測量結果。物理學家們不是隨便說出這句話的，他們不會幼稚到真的認為「月亮只有當你看它的時候它才存在」。之所以有「觀測者效應」之說，是他們從量子物理實驗中得出的雖然「百思不得其解」但卻千真萬確的結論。

雙縫電子干涉實驗中，就出現了這種奇怪的現象。首先，在實驗中，即使電子被電子槍一個一個地發射出來，穿過雙縫，再打到螢幕上，也會出現干涉條紋，如圖 18-6（a）所示。干涉條紋的出現似乎表示電子同時穿過兩條狹縫。這一點，在當年困惑著物理學家，一個電子是不可分的，怎麼又會分兩路走呢？於是，有人就想，在兩個縫隙附近，裝上兩個粒子探測器吧，探測一下，哪些電子走這條縫？哪些電子走那條縫？是否真有電子同時走了兩條縫？從這些探測數據，就有可能明白干涉條紋是如何形成的了。然而，這樣做的結果，不但沒有消除疑惑，反而更加深了疑惑。測試中，兩個粒子探測器從來沒有同時響過！這說明電子並沒有同時過兩個狹縫。但是人們發現，當他們在兩邊（或者是一邊）放上探測器之後，螢幕上的干涉條紋立刻就消失了，如圖 18-6（b）所示。物理學家們反覆改進、多次重複他們的實驗，只越覺得奇怪：無論他們使用什麼先進的測量方法，一旦想要觀察電子的行為，干涉條紋便消失。實驗給出經典的結果，和用子彈來實驗的圖像一模一

樣！這不就是意味著「電子在雙縫處的行為無法被觀測，一經觀測便改變了它的行為」嗎？也就是說，電子好像有某種「先知先覺」，當我們沒有去測試它們之前，電子充分表現它的波動性，很高興地同時穿過兩條縫並發生干涉，一旦我們打開粒子探測器，想觀察（看看）它們的詳細行為時，它們卻換了個模樣，不再是「波動」，而只讓你看到它「粒子」的一面！

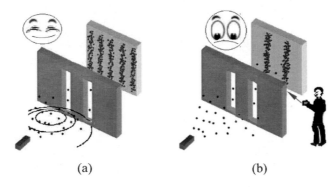

圖 18-6　觀測影響電子雙縫實驗的結果

（a）不觀測有干涉條紋；（b）觀測使條紋消失

　　物理學家們為這種「觀測影響量子行為」的現象，取了一個古怪的名字，叫做「波函數塌縮」。就是說，量子疊加態一經測量，就按照一定的機率，塌縮到一個固定的本徵態，回到經典世界。而在沒有被測量之前，粒子則是處於「既是此，又是彼」的混合疊加不確定狀態。具體到雙縫實驗，只要不在縫邊測量，那麼，每個電子都走兩條路，自己和自己發生「干涉」！測量則使得波函數塌縮，迫使電子只選一條道。或者說，電子有變身術：「看」到有探測器，就決定自己是粒子，沒見探測器，便決定自己是波。

　　波函數塌縮的說法正確嗎？又為什麼會發生波函數塌縮呢？這些問

題至今也沒有徹底解決，好在量子實驗的技術越來越高超，物理學家們便在實驗上下功夫：理論家提出一個一個的思想實驗，實驗者則想辦法實現。下面便介紹惠勒的延遲選擇實驗。

　　實驗如圖 18-7 所示，按如下方式進行：從光源發出一光子（意味著一個一個地發射），讓其通過一個半透鏡 1，光子被反射與透射的機率各為 50%。如果被反射，就將來到反射鏡 A（A 路）；如果被透射，則走向反射鏡 B（B 路）。也就是說，光子在半透鏡 1 處面臨著兩條道路的選擇，走向 A，或走向 B。不過，無論走哪條路，最後都將匯聚於點 C。在 C 點附近放置著兩個探測器 D_1 和 D_2，分別接受 A 路和 B 路來的光子。

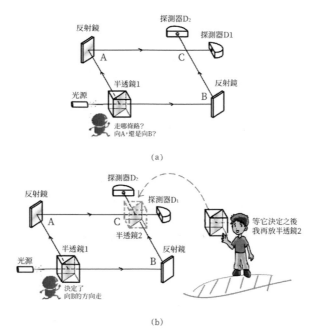

圖 18-7　延遲選擇實驗

（a）只有一個半透鏡 1；（b）插進半透鏡 2

　　在圖 18-7（a）的情形下，匯聚在 C 點的兩條路過來的光子互不相干，因為它們的行進方向不相同。如果對一個單光子而言，不會發生干

涉，只能被 D_1 和 D_2 中的一個探測器接受，這時候的光子行為表現的只是它的「粒子性」，探測器中不產生干涉條紋。

現在，我們在 C 點放置另外一個半透鏡 2，使得到達 C 的光子有 50% 的機率被反射、50% 的機率被透射，這種情況下，到達每個探測器的光都可能來自兩條路：直達的以及被半透鏡 2 反射的，這兩路光線間發生干涉現象，在探測器產生了干涉條紋，光子表現出了它的「波動性」。因此，光子到底是粒子還是波，是由是否放置了半透鏡 2 決定的。也就是說，光子來到半透鏡 1 的時候，似乎知道在位置 C 的地方是否放置了半透鏡 2，並且做出選擇：如果沒有放，它就把自己打扮成「粒子」；如果放上了，它就把自己打扮成「波」。

於是，惠勒提出了一個十分巧妙的想法：實驗者人為地延遲在 C 點放置半透鏡 2 的時間。例如，等到光子已經透過了半透鏡 1，快要到達終點 C 之時，才將半透鏡 2 放上去，即「延遲」之後再「選擇」[35]。

這樣看起來，觀察者現在的行為（放或不放半透鏡 2），似乎可以決定過去發生的事情（光子在半透鏡 1 處所做的決定：將自己打扮成粒子或波）。

哥本哈根學派如何解釋這種違背傳統觀念的古怪現象呢？他們認為，不能將觀察儀器與觀察對象分開來討論，儘管實驗中的兩種情況只有最後部分不同，但這局部的變化使得整個物理過程發生了改變，這兩種情況其實是兩個完全不同的實驗。根據哥本哈根的解釋，沒有必要去詳細探究光子（或電子）未被測量時的情形，那是無意義的。

正如惠勒引用波耳的話說，「任何一種基本量子現象只在其被記錄之後才是一種現象」，我們是在光子上路之前還是途中來做出決定，這在量子實驗中是沒有區別的。歷史不是確定和實在的，除非它已經被記錄下來。更精確地說，探求光子在透過半透鏡 1 到我們插入半透鏡 2 這

之間到底在哪裡，是個什麼東西？粒子還是波？是一些無意義的問題！

在惠勒的構想提出 5 年後，馬里蘭大學的卡羅爾‧艾利（Carroll Overton Alley, 1928-2016）和其同事實現了延遲選擇實驗。

惠勒還想像過在宇宙中天體的範圍內，利用中間星系對遙遠恆星的引力透鏡作用來實現延遲選擇實驗，如圖 18-8 所示。

惠勒也為此提出了一個具體的實驗裝置，將望遠鏡分別對準恆星所成的左右兩個虛像，利用光導纖維調整光子間的光程差，形成干涉。

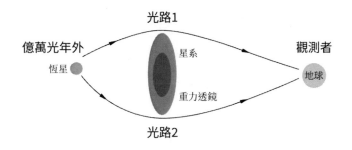

圖 18-8　宇宙尺度上的延遲選擇實驗

延遲選擇實驗突顯了量子力學與經典物理在實在性、因果問題上的深刻分歧。物理學家們如何解釋呢？大多數人不予解釋，大師們仍然是各執己見，因為這歸根究柢還是量子力學詮釋的問題。波耳、惠勒等代表的哥本哈根學派的基本說法可歸納如下：

無法將觀察儀器與觀察對象分開來討論，放上半透鏡 2 與不放半透鏡 2 的兩種情況，從經典觀點看起來，只是光子行進過程中的最後部分不同，但這其實已經是兩個完全不同的實驗。波耳曾說：「事實上，在粒子路徑上再加任何一件儀器，例如一面鏡子，都可能意味著一些新的干涉效應，它們將本質地影響關於最後記錄結果的預言。」

按照經典物理學的還原論，物質還原成分子、原子等，直到基本粒

子。而物理過程也都可以分解成更小的部分。在延遲選擇實驗中，光子按照時間順序透過半透鏡 1、A（或 B）、C，還原成幾個不同的時段（部分）。從經典觀點看，既然 C 之前的觀察儀器部分是完全相同的，光子在那些部分的行為也應該是完全相同的。這是得到「因果顛倒」荒謬結論的分析基礎。但是，根據量子理論，卻不能這樣說。量子理論認為這是兩個不同的實驗。在每個實驗中，都要把光子的全部行程當作一個整體來看待。不應認為兩個實驗中每個時段在不同的整體中會具有相同的行為。

此外，微觀世界中的因果關係是否應該與其在宏觀中的表現不一樣？也是至今無定論的問題。

18.5　惠勒的量子煙霧龍

約翰・惠勒是筆者的老師，因此忍不住在此為他多寫一筆，重溫當年的片刻回憶（圖 18-9）。

圖 18-9　惠勒（1984 年筆者攝於奧斯汀）

1980 年，筆者來到美國奧斯汀，便知道並記住了惠勒的大名，因為筆者的研究領域是廣義相對論，惠勒使筆者聯想到了他那本又大又厚的磚頭書《引力》，1,200 多頁，是相對論人士的「聖經」，筆者把它從中國帶到美國。

筆者與惠勒的來往源自兩個方面：一是因為他是筆者的博士論文指導小組成員之一，筆者的博士指導教授西西爾（Cécile DeWitt-Morette, 1922-2017）研究的是數學物理，更偏於數學；因此，物理方面筆者便多請教於惠勒。二是因為他對中國文化的濃厚興趣。筆者和物理系的其他中國學生，曾經於 1983 年對他做過一次專訪，並寫了一篇專訪報導，登載在當年留學生創辦的第一份刊物《留美通訊》和國內雜誌上。

訪談中，惠勒談到波耳當年的哥本哈根研究所時，說：「……早期的波耳研究所，樓房大小不及一棟私人住宅，人員通常只有三五個，但波耳卻不愧是當時物理學界的先驅，在量子理論方面叱吒風雲。在那裡，各種思想的新穎和活躍，在古今的研究中是罕見的。尤其是每天早晨的討論會，既有發人深思的真知灼見，也有貽笑大方的狂想謬誤；既有嚴謹的學術報告，也有熱烈的自由爭論。然而，所謂地位的顯赫、名人的威權、家長的說教、門戶的偏見，在那斗室之中，卻沒有任何立足之處。」「沒有矛盾和悖論，就不可能有科學的進步。絢麗斑斕的思想火花往往閃現在兩個同時並存的矛盾的碰撞切磋之中。因此，我們教學生、學科學，就得讓學生有『危機感』，學生才覺得有用武之地。否則，學生只看見物理學是一座完美無缺的大廈，問題沒有了，還研究什麼呢？從這個意義上來說，不是老師教學生，而是學生『教』老師。」對於這些言語，筆者至今仍然回味無窮。

1981 年夏天，惠勒受邀前往中國科學院、中國科技大學等地訪問和講學，筆者有幸和他一起合作準備了報告講稿。其內容就是基於他提出

延遲選擇實驗的論文：《沒有規律的規律》（*Law without Law*）。後來，此講稿於 1982 年出版，取名為《物理學和質樸性》（圖 18-10）[36]。

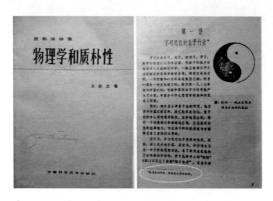

圖 18-10　惠勒的量子力學小冊子

當年的惠勒已近 70 歲，聽學術報告常坐第一排，往往突然來一句一針見血的話語。有一次有人就何時探測到重力波而提問，他便冒出一句「快了！」筆者記憶猶新。

惠勒的量子觀與波耳的一脈相承，人們稱他為「哥本哈根學派的最後一位大師」。不可否認，這方面也深深影響了筆者的量子理論觀。他曾經將量子力學中最本質的不確定性比作一頭「煙霧纏繞的巨龍」（great smoky dragon），如圖 18-11 所示。

圖 18-11　惠勒的霧龍

　　人們可以看到巨龍的尾巴，它是微觀粒子產生之處，也可以在實驗中觀測巨龍的頭，因為測量產生波函數塌縮，使微觀量子態塌縮為可觀測的「經典本徵態」。但是巨龍的身體卻是雲遮霧繞，人們可能永遠也不知道這些煙霧中隱藏的祕密，只能用各種詮釋來解釋它。

　　電子不受外部干擾時，就像散布在空間裡的「霧狀」體，運動狀態則是如同「波」一樣推進，當透過雙縫時便產生自干涉。惠勒的龍圖也可以用費曼路徑積分觀點來理解：龍的頭和尾巴對應於測量的兩個點，在這兩點測量的數值是確定的。根據量子力學的路徑積分解釋，兩點之間的關聯可以用它們之間的所有路徑貢獻的總和來計算。因為要考慮所有的路徑，因此，龍的身體就將是模模糊糊的一片。

19　鬼魅作用量子糾纏　實驗驗證貝爾定理

　　愛因斯坦在 EPR 悖論中，曾經譏諷量子糾纏為鬼魅般的超距作用。如今，量子糾纏的概念已經提出 80 多年了，當年的兩位偉人也均已作古。但是，幾十年來的實驗證明，這種糾纏態的確存在。與此相關的研究不僅引領人們去探索物理學的深層奧祕，也為後來科學技術的發展提供了天才的思路和啟迪。量子糾纏和量子物理原理在通訊科學中的應用催生了量子通訊科學，成為近年來最活躍的研究主題之一。

　　惠勒是提出驗證光子糾纏態實驗的第一人。1948 年他指出，由正負電子對湮滅後所生成的一對光子應該具有兩個不同的偏振方向。不久後，1949 年，吳健雄和沙卡洛夫（Andrei Sakharov, 1921-1989）成功地實現了這個實驗，證實了惠勒的思想，生成了歷史上第一對相反方向極化糾纏的光子。

　　現代實驗技術和精度的提高，為實現各種環境下的量子糾纏提供了條件，也成就了貝爾不等式的實驗驗證。

19.1　量子糾纏神祕處

　　量子糾纏所描述的，是兩個電子量子態之間的高度關聯，在前文介紹 EPR 論文時曾經提到，現在再深入介紹一下。

　　例如，如果對兩個相互糾纏的粒子分別測量其自旋，其中一個得到結果為「上」，則另外一個粒子的自旋必定為「下」，假若其中一個得到結果為「下」，則另外一個粒子的自旋必定為「上」。以上的規律說起來並不是什麼奇怪之事，有人用一個簡單的經典例子來比喻：那不就像是將一雙手套分裝到兩個盒子中嗎？一隻留在 A 處，另一隻拿到 B 處，如果看到 A 處手套是右手的，就能夠知道 B 處的手套一定是左手的；反之亦然。無論 A、B 兩地相隔多遠，即使分離到兩個星球，這個規律都不會改變的。

　　奇怪的是什麼呢？如果是真正的手套，打開 A 盒子看，是右手，關上再打開，仍然是右手，任何時候打開 A 盒都看見右手，不會改變。但如果盒子裡裝的不是手套而是電子的話，你將不會總看（觀察）到一個固定的自旋值，而是有可能「上」，也有可能「下」，沒有一個確定數值，上下皆有可能，只是以一定的機率被看（測量）到。因為測量之前的電子，是處於「上下」疊加的狀態，即類似「薛丁格的貓」那種「死活」疊加態。測量之前，狀態不確定，測量之後，方知「上」或「下」。量子糾纏的詭異之處是：測量之前，我們「人類」觀測者無法預料測量結果，但遠在天邊的 B 電子卻似乎總能預先「感知」A 電子被測量的結果，並且鬼魅般地、相應地將自己的自旋態調整到與 A 電子相反的狀態。換言之，兩個電子相距再遠，都似乎能「心靈感應」，做到狀態同步，這是怎麼一回事呢？況且，如果將 A、B 電子的同步解釋成它們之間能互通訊息的話，這訊息傳遞的速度也太快了，已經大大超過光速，這樣違背了定域性原理，不也就違反了相對論嗎？

如何來解釋量子糾纏？涉及對波函數的理解、對量子力學的詮釋等問題。似乎沒有一種說法能解釋所有的實驗、能滿足所有的人，這也是愛因斯坦不滿意量子力學之處。

在這個問題上，玻愛之爭辯論雙方的觀點，基本集中在「定域性」上，也就是說，可以用是否認為有「定域隱變數」（以下簡稱「隱變數」）存在來分界。波耳一派否認隱變數的存在，認為隨機性是自然的本質。量子糾纏現象，就好比是上帝同時擲出了兩個糾纏著的骰子。

如圖 19-1 所示，量子糾纏的一對電子，猶如上帝擲出兩個骰子。但這兩個骰子不是獨立的，而是互相關聯，例如，它們朝上那一面的數值總是相同的。骰子 A 是 5，骰子 B 也是 5；A 是 3，B 也是 3……如果愛麗絲和鮑勃在特定的時刻，分別測量兩個骰子的數值，他們會發現，如果只看自己測量的結果，得到的數值完全是隨機的，但是，當他們將對方的測量結果放在一起比較，就會發現奇怪的現象：兩人同時測量的結果是一模一樣的。即使他們已經互相分離很遠，測量的結果仍然是驚人的一致！

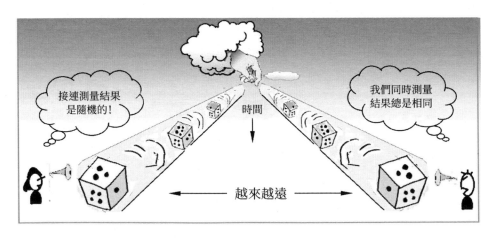

圖 19-1　量子糾纏和兩個骰子

愛因斯坦堅持他的經典哲學觀，認為世界的本質絕非隨機，自然規律表現的隨機性，是深層的隱變數在作怪。如圖 19-1 所示的兩個貌似隨機的「骰子」，實際上也許是兩個基因一模一樣的同卵雙生子！如果兩人沒有被外界干擾，只是因速度方向相反而遠離的話，他們的行為完全被他們的基因預先決定好了，所以出現驚人的一致。在此處，基因就是隱變數，找出了與某行為相關、雙方相同的基因，就可以解釋一切，包括個人表現的隨機性，以及兩人的一致性，都能解釋清楚！

這些隱藏於比微觀世界更深層的隱變數到底存在不存在？是否有某種實驗方法來判斷呢？這就是前面介紹過的貝爾的工作。

貝爾 1964 年發表他的論文時，愛因斯坦已去世多年，波耳也在 1962 年跟隨而去。因此，當年的物理界並沒有很多人關注此事。大多數物理學家已經深感量子力學的正確性。他們忙碌於量子力學精確的計算，也將此理論用於解決諸如能帶理論等應用方面的種種問題。至於「定域不定域」之類的哲學疑難，多數人想：量子現象與經典規律的確大相逕庭，猶如天上地下。世紀之爭可以畫上句號了，愛因斯坦的上帝和波耳的上帝各司其職，不必打架，大家和平共處，自得其樂，也沒有必要再用實驗驗證什麼貝爾不等式。況且，糾纏態的實驗也太困難，在實驗室裡要維持每一對粒子的糾纏態，談何容易！實驗室中得到的量子糾纏態是非常脆弱的，當原子被冷卻到接近絕對零度的環境下時，得到的糾纏態也只能維持千分之幾秒的數量級而已。

19.2 實驗檢驗貝爾不等式

不過，先驅者總是有的。1970 年代早期，一個年輕人向吳健雄請教她在 20 多年前，和沙卡洛夫第一次觀察到糾纏光子對的情況，那是在正

負電子湮滅時產生的一對高能光子。

　　這位年輕人名叫克勞澤（John Clauser, 1942-），出生於加利福尼亞的物理世家，克勞澤從小就聽家人們在一起探討爭論深奧的物理問題，後來，他進了加州理工大學，受到費曼的影響，開始思考量子力學基本理論中的關鍵問題，他把一些想法和費曼討論，並告訴費曼說，他決定要用實驗來測試貝爾不等式和 EPR 悖論。克勞澤堅信做實驗的必要性，不該輕信任何漂亮的理論！

　　然而，當時的費曼覺得實驗驗證貝爾不等式是異想天開，據克勞澤自己後來半開玩笑地描述當時費曼的激烈反應：「費曼把我從他的辦公室裡扔了出去！」

　　克勞澤堅持他的想法，後來，在 1972 年，克勞澤及其合作者傅里德曼在加州理工大學柏克萊分校完成實驗，打響了驗證貝爾定理的第一炮。實驗結果違背貝爾不等式，證明了量子力學的正確性。他們的結果吸引了眾多實驗物理學家們的注意，對他們實驗方法的非議也就源源不斷而來。專家們認為他們的實驗存在一些漏洞，所以結果並不具有說服力！

　　1982 年，巴黎第十一大學的阿蘭・阿斯佩（Alain Aspect, 1947-）等人，在貝爾本人的幫助下，改進了克勞澤和傅里德曼的貝爾定理實驗，成功地堵住了部分主要漏洞。他們的實驗結果也是違反貝爾不等式，證明了量子力學的非定域性。

　　1998 年，安東・蔡林格等人在奧地利因斯布魯克大學完成貝爾定理實驗，據說徹底排除了定域性漏洞，實驗結果具有決定性。

　　2000 年，潘建偉等人進行 3 個粒子的貝爾實驗。

　　2001 年，羅維（Rowe）等人的實驗，第一次關閉了檢測漏洞。美國

國家標準與技術研究所的戴維‧瓦恩蘭（David Wineland, 1944-）等人的實驗，關閉了檢測漏洞，檢測效率超過 90%。

…………

　　用實驗驗證貝爾不等式，其根本目的就是要驗證量子系統中是否存在隱變數，也就是說，量子力學到底是定域的還是非定域的。從貝爾不等式提出，到克勞澤等人的第一次實驗，再到現在，已經數十年過去了。世界各國眾多的科學家們，在實驗室裡已經進行過許多類型的貝爾實驗。人們在光子、原子、離子、超導位元、固態量子位元等許多系統中都驗證了貝爾不等式，所有的這些貝爾測試實驗都支持量子理論，判定定域實在論失敗。為什麼進行了如此多的實驗呢？因為需要克服量子實驗的多重困難，此外，還需要封閉實驗中可能產生的所有「漏洞」。

19.3　堵塞實驗漏洞

　　在物理實驗中，可能存在影響實驗結果有效性的設置問題。這些問題通常被稱為「漏洞」。

　　貝爾實驗中的技術性漏洞，主要有 3 種：定域性漏洞、偵測漏洞、自由意志選擇漏洞。

　　（1）定域性漏洞

　　什麼叫定域性漏洞？換句話說就是在測量時，兩個糾纏光子（粒子）的距離太近時可能產生的漏洞。貝爾測試的目的本來就是為了判定量子糾纏系統中是否存在隱變數（基因），兩個糾纏粒子的關聯到底是因為它們的基因相同而產生的，還是它們之間確實有非定域的超距作用而產生的。

舉一個通俗比喻說明定域性漏洞。例如，有兩個女孩聲稱她們是同卵雙胞胎，我們不知真假，想要用一些問題來測試她們。愛麗絲和鮑勃分別發出考卷，向她們提出許多問題，如果她們對這些問題的答案有一定比例（如高於 80%）是一致的，便認可她們是同卵雙胞胎，否則便得出否定的結論。那麼，在這樣的測試下我們需要堵塞的主要「漏洞」是什麼呢？就是要防止兩個女孩互通訊息「作弊」，當然也不能有出題目的人參與其中共同作弊。

如果兩張桌子放在一間房子裡，相距也不遠，那兩個女孩就容易作弊了，她們可以用一種考官不懂的語言，或者使眼色，打手勢、暗號等方法來互通資訊。這樣的話，她們的作弊行為將影響我們對她們是否為「同卵雙胞胎」的判定，因為我們不知道她們回答問題時答案的一致性到底是因為她們有相同的基因還是因為她們互通情報所致。換言之，我們的測試方法有與她們所在的區域有關的「漏洞」，此漏洞稱之為定域性漏洞。

如何關閉這類漏洞呢？我們可以將兩張桌子分離得遠遠的，或者放在兩個房間，或者放在兩棟大樓裡，讓她們難以互通消息。此外，兩位考官愛麗絲和鮑勃可以盡量晚一些拿出考題，讓她們來不及作弊。

從物理學的角度來看，她們之間的訊息傳遞不可能快過光速 c。如果她們的距離是 D 的話，訊號傳遞的時間不可能小於 $t = D/c$。因此，如果考官給予她們答題交卷的時間小於 t 的話，她們就是有天大的本事也不可能作弊了！這就在理論上完全關閉了「定域性漏洞」。

這也就是約翰・貝爾當年對阿斯佩實驗的建議。

貝爾說，如果你預先就將實驗安排好了，兩個偏振片的角度調好了等在那裡，然後，你從容不迫慢吞吞地開始實驗：用雷射器發出糾纏光子對，飛向兩邊早就設定了方向的檢偏鏡，兩個光子分別在兩邊被檢測

到。在這整個過程中,光子不是完全有足夠的時間互通訊息嗎?即使我們不知道它們是採取何種方法傳遞的,但總存在作弊的可能性吧。

所以,我們要延遲「出題」的時間,不應預先設定兩個檢偏鏡的角度,而是將這個角度的決定延遲到兩個光子已經從糾纏源飛出,快要最後到達檢偏鏡的那一刻。阿斯佩便是在克勞澤等人實驗的基礎上,再多加了一道閘門,排除了糾纏光子間交換訊號的可能性。

(2) 偵測漏洞

貝爾測試實驗中的大多數使用糾纏光子對。而「檢測效率」的問題是光學實驗中最普遍的漏洞。

在 1980 年代,限於單光子計數技術,光子檢測器的效率對貝爾測試而言並不足夠高。也就是說,光源發射出的若干糾纏光子對中,只有一部分被檢測器探測到。上面例子中的雙胞胎,不是兩人都能來到愛麗絲和鮑勃面前的。人太多,真假雙胞胎們,大家爭先恐後地都想爭著去受試,也許姐妹中一人被擠丟了,也許擠來擠去使得兩人面試的時間相差太久了,完全談不上「同時」等等,這種種因素都會影響統計測試的結果。

因此,許多實驗物理學家選擇電子或其他離子來進行貝爾不等式的測試,儘管仍然不能完全關閉所有漏洞,但所有結果都一致地再一次站在量子力學這一邊,否定了愛因斯坦的隱變數假設。

近年來,單光子計數技術大有進展,更加強而有力地關閉了檢測效率漏洞。

光學中還有「公平採樣」的問題。即產生糾纏光子對的雷射光源的本地隨機數發生器,產生的隨機系列不一定是真正隨機的。為了克服這個問題,有科學家提出使用「宇宙設置發生器」來作為控制雷射發射的隨機數產生器,即採用來自遙遠恆星的星光來保證隨機性。例如,有

實驗團隊對兩顆恆星發出的光的顏色進行觀察，一顆恆星距離 600 光年遠，另一顆恆星距離 1,900 光年外。他們透過觀察恆星發出的光是藍色還是紅色來作為控制發射糾纏光子對的隨機源，以避免使用本地隨機源時可能存在的潛在隱變數的影響。

（3）自由意志選擇漏洞

貝爾實驗的改進方式多種多樣，有些想法近乎匪夷所思。除了上面提到的利用來自宇宙的星光之外，有人還設計並實施了一個 10 萬人參與的「大貝爾實驗」[37]。

在介紹貝爾不等式時我們曾經說過，兩端的實驗者（愛麗絲和鮑勃）可以自由隨機選擇測量光子對時所用的光軸方向不同的偏振片（偵測器）。但在真實的實驗設計中，並沒有愛麗絲和鮑勃，機器（隨機數產生器）取代了他們。因此，在實驗室的貝爾測量中，除了光源發射糾纏對時使用隨機產生器之外，兩個測試端，在選擇不同偏振片的時候，也得使用隨機數產生器。

如此設計產生出一種所謂的「自由意志選擇漏洞」。意思是說，選擇不同偵測器使用的隨機序列，有可能與光源的隨機性相關，就好比愛麗絲和鮑勃的選擇並不真正是人能夠做到的「自由意志」，而是隱藏著與光源的關聯在內。這是一種漏洞，會影響測量的結果。

為了找到與光源完全不相干的隨機數產生源，2016 年 11 月，來自全球的幾個研究團隊設計並參與了「大貝爾實驗」，據說召集了 10 萬名志願者，在 12 小時內，透過一個網路遊戲 the BIG Bell Quest，每秒鐘產生 1,000 位元資料，總共產生了 97,347,490 個隨機的位元資料（0、1 序列），供物理學家們做貝爾測量時使用。這實際上也是貝爾曾經提出過的建議：可以用人的自由選擇來保證實驗裝置的不可預測性。但是當時的技術條件做不到；現在，「大貝爾實驗」透過網際網路做到了。

　　經過這些關閉漏洞的努力之後的實驗結果，仍然都支持量子力學，而非隱變數理論。當然，沒有任何實驗可以說完全沒有漏洞，但多數物理學家們認為，量子糾纏的非定域性現象是真實的，已經在 96% 的信賴區間得到了驗證。實驗結果似乎沒有站在愛因斯坦一邊，所以，現代物理學家只好幽默而遺憾地說一句：「抱歉了，愛因斯坦！」

20　量子啟迪了思考　物理聯想到哲學

20.1　溫伯格的困惑

著名理論物理學家史蒂文・溫伯格（Steven Weinberg, 1933-2021）從 2016 年開始，多次提到他對量子力學的不滿。除了 2016 年發表在《環球科學》的文章 [38] 之外，還包括他於 2017 年和 2018 年做的演講，以及 2019 年 1 月 19 日他為紐約書評寫的一篇文章。溫伯格在這些公開場合，表達了他作為一個資深物理學家，對量子物理未來前景的困惑和擔憂。

在量子力學的發展過程中，不乏提出質疑的物理大師，愛因斯坦就是最著名的一個。但絕大多數物理學家，也包括持質疑態度的大師們，都一致認為量子論對人類社會做出了傑出的貢獻。量子力學被認為是自然科學史上被實驗證明了的最為精確的理論，它是我們理解原子、原子核、電磁性，以及半導體、超導等微觀現象的理論基礎。

人們對量子論的分歧不在計算結果，而是在於不同的詮釋。無論哪派的物理學家，都能學會程序化地使用抽象複雜的數學方法，對各種微觀系統進行研究和計算，給出準確的結果。例如，量子力學對某些原子性質的理論預測，被實驗驗證結果的準確性達到 1/108 ！

對量子理論詮釋的認知有一個過程，溫伯格說，他曾經跟大多數物理學家一樣，認為量子力學只要實用（能用於計算）就夠了，無須深入探討其基本概念和含義，但最近幾年，他對量子力學的各種詮釋越來越不滿意，呼籲物理學家找到新的理論來解釋量子力學中存在已久的問題。從這個意義上，溫伯格明確地站到了當年愛因斯坦和薛丁格的那一邊！

量子力學詮釋的問題，一定程度上是與若干哲學問題相關的。曾經聽過這樣的說法：「物理學做到極致，便會訴諸哲學。」筆者並不認為哲學能解決任何物理問題，但是不可否認兩者之間的緊密關聯。物理與哲學，探索的都是世界的本源問題，因此，最早期的物理學家，都同時又是偉大的哲學家。此外，幾乎所有的物理學大師到了晚年都會走向哲學思維，溫伯格的思想轉變也可算作一個例子，從這些事實中不難體會到這兩門學科之間深刻的內在連繫。

▎20.2　科學、哲學、宗教 —— 歷史回顧

萬物如何構成？世界的本質是什麼？自人類文明開始，此類問題就伴隨而生。古希臘時，哲學、科學為一體，均始於探求世界本源的本體論。泰勒斯（Thales of Miletus）認為世界本源是水，他的學生阿那克西曼德（Anaximander）最為有趣且富有驚人的想像力，他最令人吃驚的科學預言有兩個：一是他提出了與現代宇宙學中某些模型頗為相似的共形循環宇宙論；二是他思考生命起源，認為生命從溼氣元素中產生，最初大家都是魚，後來來到陸地上，進化成人。這聽起來與現代生物理論相似。然後，泰勒斯的學生的學生阿那克西美尼（Anaximenes of Miletus），比他的老師顯得平庸一些，不過他也有獨特的看法，他認為萬

物之本源是氣。還有最奇怪的是將「數」當作世界之本的畢達哥拉斯學派，這個學派奇怪的規則頗多，例如，其中包括「不能吃豆子」，「掉到地上的東西不能撿起來」之類匪夷所思的天方奇談。

　　大凡哲學家們，總有些古怪行徑。現在想像當年的古希臘一帶，似乎充滿了此類哲人。他們一個個地排著隊，走過古希臘，走過歷史，走出愛琴海。從米利都到雅典、到埃及、到亞歷山大港、到羅馬。他們的腦袋中充滿著當年的政治術語、哲學理念，也有倫理觀念和科學思維。

　　米利都學派後面跟著畢達哥拉斯學派，這都是主張將萬物歸於一「本」的哲人們。不過，古希臘哲人並不僅僅研究本源問題，也探索世界隨時間的變化規律，這正是赫拉克利特（Heraclitus, 544 BC-483 BC）為代表的以弗所學派和巴門尼德（Parmenides of Elea）為代表的埃利亞學派爭論的焦點。前者認為萬物都在變化著，「一切皆流」；後者則反駁說，沒有事物是變化的，只有靜止不動。

　　主張「變化」的赫拉克利特，生性憂鬱，以愛哭著稱。他是一個出身高貴的異類，有機會做高官，繼承王位，但他一生的大多數時候都將自己隱居起來，沒有朋友，不近女色。因此，當時的希臘人將他看成一個珍稀動物。赫拉克利特最早將「邏各斯」這個名詞引入哲學，用以說明萬物變化的規律性。此外，赫拉克利特還是第一個提出知識論問題的哲學家。

　　認為萬物本源是永恆靜止的巴門尼德，是那個提出幾個著名悖論的芝諾（Zeno of Elea）的老師。巴門尼德認為，世間的一切變化都是幻象，因此人不可憑感官來認識真實。整個宇宙只有一個永恆不變、不可分割的東西，他稱之為「一」。芝諾捍衛老師的哲學觀點，並提出了「阿基里斯和烏龜」、「飛矢不動」等悖論為其學派辯護。

　　值得後人歌頌的，還有那位從西西里島走出的恩培多克勒（Empedokles, 490 BC-430 BC），也就是英國近代詩人馬修・阿諾德（Matthew Arnold, 1822-1888）筆下的那位跳進火山口而被烤焦死去的「熱情的靈魂」。恩培多克勒認為萬物皆由水、土、火、氣四者構成，然後，在實物之上，他又加進了幾項主觀而熱情的、類似「知識論」的元素，認為我們周圍的宇宙是在「愛」與「衝突」的較量之間來回擺動。

與現代科學最為接近的古希臘學派，是留基伯（Leucippus, 500 BC-440 BC）和德謨克里特（Democritus）的原子論。儘管他們所謂的「原子」，完全不同於今日我們稱為原子的東西，但在思維方法上使人不能不驚嘆古希臘人的智慧。對原子論哲學家而言，物質已經不復具有如米利都學派時那麼崇高的地位。德謨克里特說，每個原子都是不可滲透、不可分割的，原子所做的唯一事情就是運動和互相衝撞，以及有時候結合在一起。在他們看來，靈魂是由原子組成的，思想也是一種物理的過程。原子論者令人驚奇地想出了這種當年沒有任何經驗觀察為基礎的「純粹」假說，直到兩千多年後，人們才發現了一些證據，用以解釋化學上的實驗事實。這種解釋讓原子論重新復活，並且導致了牛頓絕對時空的理論。

剛才說過，古希臘時科學哲學不分，共處一體。再到後來的雅典三傑以及亞里斯多德時代，科學逐漸從哲學中脫胎分離出來。而宗教，則以解釋世界的權威姿態，洋洋得意地出場。說是解釋世界，其實它們什麼也沒解釋，也解釋不了。因為宗教只不過是將一切原因都歸於上帝和神。宗教之權威與崇尚理性的科學格格不入，但它們仍然希望能多加粉飾，於是便拉上了哲學，將哲學這匹大布平鋪在科學與宗教之間，借助於哲學，來與科學拉上關係，也將哲學家描述的美妙的世界圖景，解釋為「充分體現了上帝之完美」。

正如羅素（Bertrand Russell, 1872-1970）所定義的：

　　哲學，乃是某種介乎神學與科學之間的東西。它和神學一樣，包含著人類對於那些迄今仍為確切的知識所不能肯定的事物的思考；但是它又像科學一樣是訴之於人類的理性而不是訴之於權威的，不管是傳統的權威還是啟示的權威。一切確切的知識都屬於科學；一切涉及超乎確切知識之外的教條都屬於神學。但是介乎神學與科學之間，還有一片受到雙方攻擊的無人之域；這片無人之域就是哲學。

　　然而，歷史並不總是按部就班地盡隨人意。當科學勢如破竹地壯大發展起來，將宗教的權威勢力範圍幾乎驅趕到了一個狹小的角落之時，夾在中間的哲學也攔不住兩者的衝突了。於是，教會利用它最後的權威，燒死了布魯諾（Giordano Bruno, 1548-1600），反對哥白尼的理論，軟禁了伽利略。

　　但權威擋不住自由思想，最終，科學支持的本體論逐漸取得了勝利，以數學及觀測實驗為手段的科學方法論發展起來，取代了古希臘哲學家們純粹思辨性的描述。同時，科學也接納融合了知識論，啟蒙運動席捲歐洲。雖然宗教人士仍然口口聲聲地宣稱「一切最終都是神的安排」，但卻顯得如此軟弱無力，因為科學似乎告訴我們：人類可以全方位地探索、理解和利用萬物，無須借助於上帝！

　　當年的哲學家們依然得意，因為他們尚能勉強趕上科學進展的腳步，甚至有些自以為是地認為可以凌駕於科學之上來「指導」科學。於是，笛卡兒開啟了唯理論，並建立起可以決定性解釋世界的宏偉哲學大廈。之後的康德，算是啟蒙時期的最後一位主要哲學家。他發展了世界本體的哲學思辨，提出人類理性有其認識的極限，認為時間、空間、基本粒子、因果律以及上帝是先驗的而不是經驗的，是人類理性所無法認識的，這理性之外的事物，又為信仰開啟了地盤。

　　接著，科學繼續突飛猛進。19世紀的100年間，馬克士威電磁場、

熱力學定律，以及元素週期表、化學、進化論、細胞學，令人目不暇接。在經典物理的光芒照射下，拉普拉斯（Pierre-Simon marquis de Laplace, 1749-1827）提出聞名遐邇的決定論：如果可以知道現在宇宙中每一個原子的狀態，那麼就可以推算出宇宙整個的過去和未來！

哲學家和科學家們都信心十足、躍躍欲試，相信人類將給予世界以終極解釋，決定一切的日子不遠了！

不過，到了 20 世紀，情況好像有些不盡如人意！物理學中的相對論和量子力學兩大革命，為人們腦海中的美妙圖景帶來了災難性的衝擊！物理學的革命，似乎帶來了哲學的災難？科學，年輕而有為，它大踏步地前進，所向披靡！科學不僅僅與哲學分離，科學本身各門學科的分類也越來越多、越來越細。即使是第一流的哲學家，也難以跟上科學的發展腳步，更不用說起關鍵作用了！那麼，科學革命到底如何影響了哲學呢？下面我們只探討量子論對原有幾個哲學概念的衝擊。

20.3　決定論面臨破產

量子力學與經典力學之不同，可以從它們對粒子（如電子）運動的描述為例來說明。在牛頓力學中，粒子用它的「運動軌跡」來描述。所謂軌跡，是粒子的空間位置隨著時間變化的一條「曲線」。經典粒子，一個時刻出現於一個空間點，這些點連接起來成為一條線，即粒子的軌跡。而在量子力學中，電子表現出「波粒二象性」，量子力學用波函數描述（一個）電子的運動。波函數是同時在空間每個點都有數值，類似於彌漫於整個海洋中的水分子密度。這就有了問題：一個電子怎麼會同時出現於空間的每一個點呢？

為了回答上面的問題，物理學家一般將波函數解釋為機率波。對

此，我們又回到本節開始所述的溫伯格之困惑。有關機率波，他有一段話發人深思：

　　機率融入物理學使物理學家困擾，但是量子力學的真正困難並非機率，而是這機率從何而來？描述量子力學波函數演化的薛丁格方程式是確定性的波動方程式，本身並不涉及機率，甚至不會出現經典力學中對初始條件極為敏感的「混沌」現象。那麼，量子力學中反映不確定性的機率究竟是怎麼來的呢？

　　溫伯格的疑問貌似數學問題，但細究數學方面並無問題。薛丁格方程式是線性的，如使用座標表象，在一定的初始和邊界條件下，它的解（波函數）是時空的確定函數。產生不了混沌，也不涉及任何機率。問題來自於如何解釋這個彌漫於整個空間的「波函數」？如何將它與電子的運動連繫起來？波函數表示的物理圖像不可能是電子的電荷在空間的密度分布。叫人如何想像一個在經典理論中被看作一個「點」粒子的「實體小球」，到量子力學中卻成了分布彌漫於整個空間的東西？這種說法就連提出此解釋的薛丁格本人也不能接受。

　　想來想去，比來比去，還是玻恩的機率解釋比較可靠，因而被大多數物理學家所接受。玻恩認為波函數是機率波，其模擬的平方代表粒子在該處出現的機率密度。

　　也就是說，人們使用機率解釋，似乎仍然可以將電子想像成一個類似的經典小球（這使我們得到一點安慰），只不過我們不能確定這個小球在空間的位置，只能確定它在某點出現的機率！

　　於是，人們不再思考波函數，而轉向思考機率，機率是什麼呢？當然是從思索經典定義的「機率」開始。機率給世界帶來了不確定性，它可以定義為對事物不確定性的描述。

◗ 20.4 機率的本質

　　然而，在經典物理學的框架中，不確定性是來自於我們知識的缺乏，是由於我們掌握的資訊不夠，或者是沒有必要知道那麼多。例如，當人向上丟出一枚硬幣，再用手接住時，硬幣的朝向似乎是隨機的，可能朝上，也可能朝下。但按照經典力學的觀點，這種隨機性是因為硬幣運動不易控制，從而使我們不了解（或者不想了解）硬幣從手中飛出去時的詳細資訊。如果我們對硬幣飛出時每個點的受力情況知道得一清二楚，然後求解宏觀力學方程式，就完全可以預知它掉下來時的方向了。換言之，經典物理認為，在不確定性的背後，隱藏著一些尚未發現的「隱變數」，一旦找出了它們，便能避免任何隨機性。或者說，隱變數是經典物理中機率的來源。

　　那麼，波函數引導到量子物理中的機率，是不是也是由更深一層的「隱變數」而產生的呢？

　　這個問題又使得物理學家們分成了兩大派：一派是愛因斯坦為首的「隱變數」派，認為「上帝不會擲骰子！」一定是隱藏於更深層次的某些隱變數在發揮作用，使得微觀世界看起來表現出不確定性；另一派則是以波耳為首的「哥本哈根學派」，他們認為不確定性是微觀世界的本質，沒有什麼更深層的隱變數！正是這個分歧，導致了愛因斯坦和波耳之間的「世紀之爭」。

　　1935 年，愛因斯坦針對他最無法理解的量子糾纏現象，與兩位同行共同提出著名的 EPR 悖論，試圖對哥本哈根詮釋做出挑戰，希望能找出量子系統中暗藏的「隱變數」。

　　愛因斯坦質疑量子力學主要有 3 個方面：確定性、實在性、定域性。這三者都與「機率之來源」有關。如今，愛因斯坦的 EPR 文章已經

發表了 80 多年，特別在約翰‧貝爾提出貝爾定理後，愛因斯坦的 EPR 悖論有了明確的實驗檢測方法。然而，令人遺憾的是，許多次實驗的結果並沒有站在愛因斯坦一邊，並不支持當年德布羅意 - 玻姆理論假設的「隱變數」觀點。反之，實驗的結論是，沒有隱變數，不確定性是世界的本質。

　　量子力學創始人之一的海森堡，給出了微觀世界的不確定性原理。這個原理表明，粒子的位置與動量不可同時被確定，位置的不確定性越小，則動量的不確定性越大；反之亦然。不確定性原理被無數實驗所證實，這是微觀粒子內含的量子性質，反映了世界不確定的本質。

　　世界本質上是不確定的，這個結論使得當年拉普拉斯有關決定論的宣言變成了一個笑話。實際上，我們仔細想想，還是非決定論容易理解。試想，某個科學家在某天出了個意外的車禍死去了，難道這是預先（他生下來時）就決定了的結果嗎？當然不是！除了量子論揭露了世界的本質是非決定論的之外，對非線性導致的混沌理論的研究，也支持非決定論。混沌理論解釋：即使是決定性的系統，也有可能產生隨機的、非決定性的結果！

　　承認非決定性不難，難的是進一步解釋下去。波函數的機率解釋在理論上導致對機率本質的思考。而量子力學中的實驗測量也使物理學家們困惑。微觀世界是不確定的，宏觀現象又都是確定的，如何從不確定的微觀銜接過渡到確定的宏觀？量子力學認為微觀世界中粒子的狀態是「疊加態」，是一種機率疊加態。而實驗測量不到疊加態，只能得到某個確定值的「本徵態」，這裡的解釋方法之一就是所謂的「波函數塌縮」，即「疊加態的波函數以某種機率塌縮成了本徵態的波函數」。

　　測量為什麼引起波函數塌縮？什麼叫測量？

20.5　測量的本質，主觀和客觀

首先以電子雙縫實驗為例，回顧一下量子力學中「詭異」的測量現象（圖 20-1）。

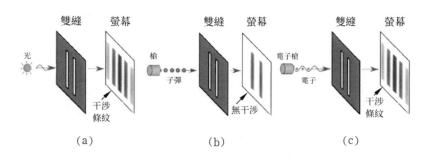

圖 20-1　雙縫實驗

（a）光的雙縫實驗；（b）經典粒子的雙縫實驗；（c）電子的雙縫實驗

雙縫實驗中，像發射子彈一樣，讓電子一個一個地射到「雙縫」附近。從經典觀點看，電子是一個一個過去的，不可能互相干涉。但實驗結果卻是螢幕上產生了干涉條紋。這表明電子具有波粒二象性，既是粒子又是波。電子的波粒二象性頗為奇特，而更為詭異的行為是表現在對電子的行為進行「測量」之時！

電子雙縫實驗中的干涉到底是如何發生的？為了探索這點，物理學家在兩個狹縫口放上兩個粒子探測器，企圖測量每個電子到底走了哪條縫，如何形成了干涉條紋。然而，詭異的事情發生了！無數次的實驗證實：一旦想要用任何方法觀察電子到底是通過了哪條狹縫，干涉條紋便立即消失了，波粒二象性似乎不見了，實驗給出與經典子彈實驗一樣的結果！

剛才說到「用任何方法觀察電子」，引號中這句話表達的意思就是「測量」，或者稱為「量子測量」。量子測量有別於經典宏觀測量，主

要是指在量子測量中，測量所涉及的儀器、方法和手段，一定會與微觀系統相互作用，互相形成糾纏態，從而影響測量結果。而在宏觀世界中進行的經典測量，就可以做到環境與被測系統獨立，或者說改善實驗條件，可以使互相之間的干涉很小，基本能夠忽略不計。因而，經典測量基本可以做到不影響測量結果。

量子測量則有所不同，根據量子理論，微觀世界的電子，通常處於一種不確定的、經典物理不能描述的疊加態：既是此，又是彼。例如，被測量之前的電子到達狹縫時，處於某種（位置的）疊加態：既在狹縫位置 A，又在狹縫位置 B。之後，「每個電子同時穿過兩條狹縫！」產生了干涉現象。

但是，一旦在中途對電子進行測量，量子系統便發生「波函數塌縮」，也就是說，原來表示疊加態不確定性的波函數塌縮到一個固定的本徵態。因此，波函數塌縮改變了量子系統，使其不再是原來的量子系統。量子疊加態一經測量，就按照一定的機率規則，回到了經典世界。

這種解釋帶來很多問題。所謂波函數塌縮，與演化是迥然不同的過程，演化遵循薛丁格方程式，而波函數塌縮是隨機的、不可逆的，沒有適當的方程式來描述。（後來有另一種說法「去相干」，也並不能完全令人滿意，在此不表）。並且，至今也不清楚塌縮的內在機制究竟是什麼。是什麼觸動了波函數的塌縮？是「觀測」嗎？人們經常說到「觀測」，即觀察加測量，但卻沒有給它下一個精確的定義。什麼樣的行為算是一次「觀測」？僅僅儀器與粒子的相互作用，似乎還不能構成「觀測」。那麼，如何理解觀測（測量）的本質？誰才能測量？只有「人」才能測量嗎？貓能不能測量？電腦呢？機器人呢？測量和未測量的界限在哪裡？

例如，月亮高高地掛在天上，用眼睛望它一眼，知道它在那裡，也

就算作是一種測量。按照經典物理的觀念，主觀和客觀是分開的。月亮客觀存在於地球之外，不管我們主觀意願「看」還是「不看」它，它都在那裡。

然而，量子世界中不是如此，未「測量」之前，電子位置不確定，所以談論「電子位置」沒有意義。只有測量，才賦予電子確切的位置。這句話似乎就是說，電子的客觀存在性是以測量為前提的。所以，反對派就問：難道月亮只有在我們回頭望的時候才存在嗎？

測量，是人類有目的而進行的活動。要測量什麼東西，涉及人的主觀意願。主觀和客觀也是長期有所爭論的哲學話題。主觀指人的意識，客觀指不依賴於意識的物質世界。量子力學對測量的解釋，使人們又回到哲學上關於主觀和客觀的困惑中。

以上詮釋中電子的行為，也等同於人人皆知的「薛丁格的貓」：打開蓋子前，貓是既死又活，只有揭開蓋子後觀測，貓之死活狀態方能確定。那麼，有人又問：貓自己不是也有感覺嗎？雖然人沒有打開蓋子「看」，但貓自己應該知道自己的「死活」啊！

此外，我們還可以返回來思考愛因斯坦提出的 EPR 悖論。因為波函數塌縮是在同一時刻發生在所有地方，對量子糾纏中的兩個粒子，導致了愛因斯坦的「幽靈般超距作用」之困惑。總而言之，看起來，對量子力學的詮釋違反了確定性、實在性和定域性。經典物理學一直認為物理學的研究對象是獨立於「觀測手段」存在的客觀世界，而量子力學中的測量卻將觀測者的主觀因素攪和到客觀世界中，兩者似乎無法分割。

測量中主觀客觀的關係也相關於機率的「主觀客觀」性。對機率通常也有兩種極端的解釋：頻率派和貝葉斯派。頻率派強調機率的客觀性，一般用隨機事件發生的頻率之極限來描述機率；貝葉斯派則將對不確定性的主觀置信度作為機率的一種解釋，並認為，根據新的資訊，可

以透過貝葉斯公式不斷地導出或者更新現有的置信度。貝葉斯派的主觀機率思想與量子力學的正統詮釋在某些方面有異曲同工之妙，因此有人提出量子貝葉斯模型，也許能為量子力學的詮釋提供一種新的視角[39]。對此我們不予深究，感興趣的讀者可自行閱讀參考文獻[40]。

● 20.6　時間到底是什麼（因果律）

時間是什麼？時間是大自然的奧祕，也是物理學家最感複雜、最為困惑的事情之一。

量子力學與經典力學的巨大差異，啟發我們許多哲學思考，特別是對哲學中最基本問題 —— 時間和空間的思考。延遲選擇實驗突顯出時間問題。最簡單的問題往往有最複雜的答案，時間和空間的問題證明了這點。

在牛頓的經典物理學中，時間和空間都被視為是絕對的，凌駕於一切物理規律之上。空間就像是立於宇宙中的大框架，或者說，可以用互相做等速運動的慣性座標系來表示。時間呢，則是一個以不變的速度運行的大鐘。物體按照一定的時間規律在三維的空間框架（慣性系）中運動。因此，牛頓力學中的時間獨立於空間，在所有的慣性座標參照系中，時間是以一樣的速度流逝的。

之後，愛因斯坦深入思考時間空間的問題，特別是在對「同時性」概念研究的基礎上，假設了光速不變定律，建立了狹義相對論；提出了不同於經典的、相對性的時間觀念。在狹義相對論中，時間與空間不再互相獨立而是互相關聯。時間變成了相對的，意思是說，相對於不同的慣性系，時間的流逝速度不一樣。

相對論強調「相對」，愛因斯坦認為，在你討論問題之前，一定要

明確你是處在（相對於）哪個參照系。例如，你在靜止的 A 參考系內觀察，會發現運動參考系 B 內的事件具有大小收縮、時間延緩等效應。但如果你在 B 內觀察 A 內的情況時，也一樣覺得 A 中事件的大小收縮了，時間延緩了。因此，時間的概念只對應於特定的參照系才有意義。

　　時間問題是狹義相對論的核心部分，由此而給予人們一個嶄新的科學的時空觀。廣義相對論則更是將這種時空相對的觀念擴大到具有物質和引力的情況，認為時間因物質的運動而改變，空間因物質的存在而彎曲！時間和空間都是與物質分布緊密相關的客觀存在。

　　兩個相對論是愛因斯坦對人類文明做出的最傑出貢獻，然而，使人疑惑的是，愛因斯坦並未因相對論而獲得諾貝爾獎，他被授予 1921 年諾貝爾物理學獎的原因是與量子力學有關的光電效應。通常，人們在評論這點時總將原因歸結於「相對論太理論」、「沒有充分的實驗驗證」之類的理由。根據近年來科學史家們研究的結果，其原因可能與一位哲學家有關，是與出生於瑞士的法國哲學家亨利·柏格森（Henri Bergson, 1859-1941）有關。

　　更為具體地說，愛因斯坦正是在他的革命性的「時間」概念的問題上，與柏格森有關時間的哲學思想產生了衝突。也很可能是因為這個原因，相對論沒有獲得諾貝爾獎[11]。

　　柏格森並非等閒之輩，他比愛因斯坦早生 20 年，當年愛因斯坦最開始建立相對論時，不過是個無名之輩，而柏格森已經是頗為著名的哲學家。並且，柏格森思想深邃、文筆優美，對大眾而言具有強烈的吸引力和感染力。正因為如此，他後來獲得了 1927 年度的諾貝爾文學獎。

　　柏格森哲學研究的專題之一，就是探索時間的本質。早在 1889 年，柏格森就發表了他有關時間的第一部著作 ——《時間與自由意志》，那時的愛因斯坦還是個 10 歲孩童，正在做著他的追光之夢。

　　這種年齡和背景的巨大差異，使得柏格森一開始並不把愛因斯坦放在眼裡。不過，他沒想到這個專利局的小職員，居然提出了兩個相對論，並且在時間的概念上與他針鋒相對，一顆物理明星正在冉冉升起。

　　愛因斯坦是從物理學的角度研究時間，儘管他的觀念新穎而具革命性，但在哲學上仍然屬於將「主觀」和「客觀」截然分開的二元論。那時候的量子力學也只是剛剛開頭，還沒有如我們今天感受到的如此多的哲學問題從物理學中冒出來。所以，愛因斯坦的相對論與柏格森的哲學觀念格格不入。

　　柏格森不是將時間看成是主觀之外的抽象概念，而是感興趣於所謂「生活時間」，即探討對作為生物的我們人類的主觀世界而言，時間意味著什麼？柏格森堅持認為，要想認識時間，不能只訴諸科學這一個視角，而必須有哲學視角。因此，柏格森在巴黎時就對相對論提出了質疑，這一點並非祕密，諾貝爾委員會的成員們也都知道。柏格森認為，時間與人們的生活經驗及主觀感受有關，如果不提及人類的意識和感知，就無法談論時間。柏格森認為愛因斯坦用時鐘來定義時間是荒謬的，因為如果我們沒有主觀的時間感覺，我們就不會去建造時鐘，更不會使用它們。柏格森不理解，為什麼要用「火車到達」之類重要事件的計時描述來確定同時性，柏格森追求的同時性是當事人的基本感覺。

　　總而言之，柏格森重視的是存在於人類主觀意識中的時間概念，而愛因斯坦是從物體的運動狀態來定義時間。1921 年 4 月 6 日，愛因斯坦應邀參加在巴黎由法國哲學學會組織的一次學術活動，與柏格森不期而遇。兩個當年最聰明的人有了觀點交鋒，在時間問題上採取了完全相反的立場。半年後，愛因斯坦獲得了諾貝爾物理學獎，但頒獎理由是光電效應，而不是呼聲頗高的相對論！這個結果是否真與那場辯論有關呢？就需要留給後人去做進一步的研究和考證了。

　　愛因斯坦少年氣盛，辯論中難免口出狂言，例如他說：「哲學家所說的時間根本不存在」之類的斷言，一定讓當時已經 60 來歲的哲學大家柏格森氣得吹鬍子瞪眼睛。為了更好地反擊愛因斯坦，宣揚自己的時間觀，柏格森接著出版了一部書《綿延性和時間性》，他在書中說：「鐘的指針的運動對應著鐘擺的擺動，但我們並沒有像人們以為的那樣測量了時間之綿延，而只是測量了同時性，那是另一種東西。要想理解時間，就要把鐘錶以外的一些新穎的、重要的東西納入。」這裡他指的新穎而重要的東西便是人類感覺一類的主觀因素。

　　事實上，兩個人當時都得到了不少領先的物理學家、哲學家、思想家的支持。然而，隨著時間流逝，科技發展，時代變遷，愛因斯坦的時間觀占據了主導地位，柏格森的主觀觀點開始逐漸被人們淡忘。似乎是象徵著「理性」戰勝了「直覺」，客觀實在性打敗了主觀性。

　　然而，正當愛因斯坦認為他已經解決了時間的問題時，隨之而來的是量子理論的發現，以及不確定性原理等。正如本書所介紹的，量子物理與經典物理之迥然不同，使我們重新思考對時間的理解。柏格森當年所堅持的主觀時間概念，是否也有一定的正確性？是否有可能解決量子論中引發的若干困惑？對這些問題，也許我們還需要繼續等待，時間本身會證明這一點。

21　玩遊戲的數學大師　證電子有自由意志

物理世界是客觀存在的，而解決問題的科學方法卻總是人為的、主觀的。回到前面說的測量過程，有一派觀點（如馮紐曼）認為，人類意識的參與才是波函數塌縮的原因。那麼，究竟什麼才是「意識」？意識是獨立於物質的嗎？意識可以存在於低等動物身上嗎？可以存在於機器中嗎？這帶來的種種問題，比波函數塌縮的問題還要多，而且至今無解。

但是，看起來，因量子力學測量而引發的，人的主觀意識與物質世界的關係，是一個人們總想迴避但卻終究迴避不了的事情，就像哲學家們爭論了兩千年以上的自由意志問題。

人類有關自由意志的思考，由來已久，但科學界的真正介入，卻是因為十幾年前（2006 年）被普林斯頓兩位數學家約翰‧康威（John Con-way, 1937-2020）和西蒙‧科申（Simon Kochen, 1934-）所證明了的一個數學定理 ——「自由意志定理」[41-42]！

這個定理，也是來源於量子力學，可以用一句話簡單地陳述它：「如果人有自由意志，那麼次原子粒子也有。」

　　也許大多數人乍一聽這句話，都會覺得匪夷所思，怎麼能把「意志」這種人類才具有的意識活動，與微觀世界那些「無知無覺」的次原子粒子連繫在一起呢？

　　這有部分原因可能是由於中英文轉換的問題，不過，「自由意志」所對應的英文是 free will，意思也差不多。這個名詞引發人們爭論了上千年，卻一直沒有一個準確的定義。但粗略地解釋，就是人在決定做某件事的時候，他是否具有完全獨立選擇的意志？

● 21.1　自由意志

　　自由意志是一個古希臘開始就有的哲學概念，歸功於西元前 4 世紀的亞里斯多德。亞里斯多德提出「四因說」，不完全等同但類似於現代的「因果」觀念和決定論。從事件的「原因」往上推，便自然地終結到某種「神」力，宗教便用他的這個哲學推論來作為「神」存在的理論基礎，但從而也引起一個令人深思的問題：既然一切都是神創造的，都是神的意願，那麼一個人犯的錯誤是否也是神設計的呢？換言之，犯法而殺人的罪犯是否應該受到懲罰呢？

　　因此，自由意志之所以受到持久的關注，主要是這個問題在哲學上和道德責任有關。對它的解讀影響到宗教、神學和道義，也涉及心理學以及司法界判罪等問題。就像我們現在為機器人寫程式，會有問題，也許使機器人犯錯傷害了人。但這不是機器人的責任而是工程師的錯誤，用自由意志的語言來表達，就可以說「機器沒有自由意志啊」！

　　那麼，上帝創造的人是否有自由意志呢？即使我們不涉及宗教神創論的觀點，這個問題也顯然與決定論還是非決定論有關。不僅神學上有決定論，科學上的經典物理也是決定論的（愛因斯坦也是篤信決定論

的）。如果世界和人腦都是決定論的，一個人的基因和大腦結構，是在出生時就決定的，那麼，他的所有行動，包括犯罪，是不是都預先決定了？

也就是說，如果決定論是成立的，那麼還存在自由意志嗎？決定論和自由意志可以相容嗎？

在這個問題上，哲學家基本上分成了三大類：認為可以共存的算一類（相容主義者）；不可共存者又分兩類，即一類支持決定論的決定論者（determinist），另一類支持自由意志的自由論者（libertarian）。

偏向「可共存」的哲學家很多。柏拉圖、笛卡兒、康德等，在某種意義上都算。這幾個二元論者主張世界有意識和物質兩個獨立本原，物質世界的一切是決定了的，但意識世界是自由的。

荷蘭的猶太哲學家斯賓諾莎（Baruch de Spinoza, 1632-1677）是決定論者。他在《倫理學》一書中，用寫數學書的方式「證明」了自由意志不存在。

第三類是自由意志哲學家，代表人物是伊壁鳩魯學派的盧克萊修（Lucretius, 99 BC-55 BC）。伊壁鳩魯（Epicurus, 341 BC-270 BC）是第一個無神論哲學家，他的學說中最有趣的觀點有兩個：一是將享樂主義與德謨克利特的原子論結合起來；二是他對死亡的看法。伊壁鳩魯認可德謨克利特的「靈魂原子」，認為人死後靈魂原子飛散各處，便沒有了生命。所以伊壁鳩魯認為對死亡沒必要恐懼，因為「死亡和我們沒有關係，只要我們存在一天，死亡就不會來臨；而死亡來臨時，我們也不再存在了。」

盧克萊修為伊壁鳩魯的自由意志思想辯護，最出名的是他的長篇詩歌作品〈物性論〉，其中一些有意思的想法，和現代的量子不確定性原理有相似之處。

實際上，是不可能只從哲學的理性思辨就能回答「自由意志是否存在」這個問題的。所以，我們更感興趣的是 2006 年由兩位數學家證明的「自由意志定理」，從那時候起，才真正開始了物理學界對「自由意志」的哲學思考。

● 21.2　自由意志定理

數學家約翰‧康威的名字早就廣為人知，筆者於 1980 年到美國留學時，德州大學奧斯汀分校天文系的一位教授熱衷於在電腦上玩一種「生命遊戲」，就是康威發明的。這個遊戲用幾條簡單的規則，模擬生命演化過程。

（1）定義和公理

首先，兩位數學家為「自由意志」下了一個明確的定義：not determined by past history，意思是做出的選擇不能由過去發生過的歷史所決定。用更為數學的語言來說，就是「並非宇宙所有過去歷史的函數」。

以下為 3 個公設：SPIN、TWIN、MIN。

SPIN：源於量子力學，對一個自旋 1 粒子，在空間 3 個垂直的方向上測量其自旋的平方，總是得到兩個 1（黑點），一個 0（白點），如圖 21-1 所示 3 種情形。

TWIN：源於兩個粒子量子糾纏（EPR），當在相同方向上測量兩個粒子自旋平方時，總是給出相同的結果（1 或 0）。

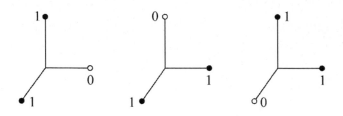

圖 21-1　3 個方向測量自旋平方的 3 種組合情形

MIN：源於狹義相對論和因果律，光速最大，類空間隔的兩個實驗者不能互通訊息和彼此影響。

（2）KS 定理

自由意志定理被簡稱為 CK 定理，C 和 K 分別代表康威和科申。2006 年 CK 定理的工作是基於科申 40 年前的 KS 定理（科申 - 施佩克爾佯謬，S 代表另一位科學家施佩克爾）[43]。因此，明白 KS 定理是理解 CK 定理的關鍵。

如圖 21-2 所示，在立方體的 6 個面上，每個面選擇 9 個點，總共 54（6×9）個點，再加 12 條邊的中點，共 66 個點，從立方體的中心向這 66 個點連線，可以得到 66 條射線。不過，位於同一條直線上的對應兩點，被認為是表示同一個方向，所以，總共有 33 個方向。

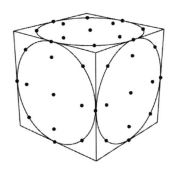

圖 21-2　KS 定理用到 33 個方向

現在，我們在每個方向上都安排一個 0 或 1 的數值，就好比給圖中的 33 個（雙點）著上顏色，或黑或白。上面這個「對應點塗同樣顏色」的操作不難做到，但是，如果再加上下面第二個塗色規則，就不一定了。

這 33 個方向中，可以構成一些互為垂直的 3 個一組的框架。第二條塗色規則要求：任意 3 個彼此垂直的方向上，都恰好被安排有兩個 1 和一個 0。也就是說，33 個方向可能構成的 40 個不同的「三向架」，都要求是圖 21-1 所示的 3 種情形中的一種。事實上，KS 佯謬就是證明：不可能存在這樣一種安排，使得滿足上面兩條塗色規則。

可以將以上的陳述說得更「數學」一些：對圖 21-2 中的立方體和 33 個方向中的任意方向 w，不存在這樣一個函數 $\beta (w)$，在任意 3 個彼此垂直的方向上，函數 $\beta (w)$ 給出的值為兩個 1，一個 0。

（3）思想實驗

以上的定義、公設以及 KS 定理，都是為了最後證明「自由意志定理」服務的。康威和科申根據 3 個公設，提出了一個思想實驗。

考慮自旋為 1，靜止質量不為 0 的某種粒子：它可以被一個 3 個分量的波函數所描述。這種粒子不是光子。光子因為靜止質量為 0，3 個自旋分量只有兩個非 0 分量是獨立的，對應於經典電磁理論中的兩個圓偏振。對於有靜止質量的自旋為 1 的粒子，3 個分量可以用（1，0，-1）來表示。

如果我們在空間中 3 個互為垂直的方向測量此類粒子的自旋，可按一定的機率得到（1，0，-1）。但因為 3 個方向的自旋算符不對易，所以不可能同時在 3 個方向測得確定的數值。為了解決這個問題，我們可以不測量自旋而測量自旋值的平方，因為在 3 個垂直方向的自旋平方的算符是互相對易的。測量結果總是兩個 1，一個 0，這也就是圖 21-1 所描述

的 SPIN 公設的內容。

假設在思想實驗中，上述粒子形成量子糾纏對 a 和 b（EPR）被發送出來。當 a、b 兩個粒子的自旋平方在相同方向上被測量時，總是給出相同的結果。例如，愛麗絲在（x、y、z）方向上測量粒子 a 的自旋平方，而鮑勃在某個 w 方向上測量粒子 b 的自旋平方，如果正好 w 與 x、y、z 中的一個方向相同，則鮑勃測得的結果將與該方向上愛麗絲測得的結果一致。這是 TWIN 公設。

為了滿足公設 MIN，可以將愛麗絲和鮑勃分開一段距離，物理的語言叫做「類空間隔」。例如，愛麗絲帶著粒子 a 在地球上進行測量，而鮑勃帶著粒子 b 在火星上進行測量。這樣，相對論和因果的時序性嚴格保證了他們各自都具有自由意志，做出選擇。

（4）結論

CK 定理，從「人具有自由意志」這個假定出發，用反證法來證明「粒子也具有自由意志」。也就是說，如果實驗者的選擇不是歷史的函數，那麼，被測量粒子給出的結果也不可能是歷史的函數。在這裡粗略地說，自由意志⇒不是歷史的函數⇒不是預先設定的⇒沒有隱變數。

實驗者愛麗絲和鮑勃的自由意志是由幾條公設保證過的，現在，假設實驗結論反過來，即假設被他們測量的粒子 a 和 b 沒有自由意志。由於實驗者 B 具有自由意志，可以在 33 個方向中任意選擇，這樣的話，粒子 b 必須面對所有 33 種可能性給出與粒子 a 被測量時相符合的結果，就好似 b 帶了一個「基因庫」，即函數 β（w），以保證這兩點：①任意一個方向 w 的測量得到 0 或 1；②任意 3 個垂直方向得到一個 0 兩個 1。然而，KS 定理已經證明，這樣的函數 β（w）是不存在的，所以假設的結論不成立，所以就證明：粒子必須具有自由意志。

（5）意義

自由意志定理與貝爾不等式比較，更為徹底、更為直接地否定了決定論。貝爾不等式否定的是定域隱變數，而自由意志定理否定了所有的隱變數，包括非定域的。

自由意志定理有一個基本假設：我們人類是擁有自由意志的。雖然不能證明這一點，但很少人持懷疑態度；否則，人還算人嗎？

定理徹底否定了決定論，特別是很多哲學家贊成的二元論，宗教實質上也是支持二元論的。起碼現代的基督教是如此，他們認為上帝造出的天使是完美的，但因為他們有自由意志且有時選擇了罪惡才變成了魔鬼。

二元論哲學家笛卡兒認為，人的意識是自由的，但物質是決定論的。但 CK 定理將這兩個世界連繫起來，因為人的自由意志決定了粒子的自由意志，而宇宙萬物包括人，都是由基本粒子組成的。因此，人、粒子、萬物、整個宇宙都有自由。宇宙的未來並不確定。

僅物理而言，自由意志定理是對量子力學中不確定性的一個精確陳述。但其意義卻超越量子，超越物理，潛在地陳述了整個世界的不確定性，這一點比量子力學本身更為基本。也許將來，別的理論取代了量子論，但卻取代不了宇宙的不確定性。

CK 定理的文章中對自由意志給出了明確的定義，粒子的行為顯然是自由的，但意志體現在哪兒呢？從而進一步也思考從粒子到更高級的人腦自由意志的問題，基本粒子的自由意志可以只是它的不確定性的另一種表述。然而，從無生命到生命，還有各種層次的結構，如果蠅、植物、黏菌等，自由意志也應該體現出一個從複雜到簡單的變化過程。

自由意志定理使人們再度思考微觀與宏觀的過渡問題。我們仍然不

能否定物質世界與精神意識之不同。一方面,物質世界中,微觀過渡到宏觀,量子物理中的不確定性過渡為經典物理的確定性;另一方面,生物界的進化過程,產生了大腦,繼而產生了意識,這是一個比物質世界的過渡複雜得多得多的過程,到了意識階段,人腦又有了「自由意志」,不確定性又回來了,這個過程是如何產生的呢?起碼說明生物系統中,粒子的不確定性並沒有完全被統計平均所掩蓋,能在宏觀行為中體現出來。自由意志定理也可以算是理性探討「意識」、「靈魂」等問題的一個開端。

參考文獻

[01]　PLANCK M. *On the Theory of the Energy Distribution Law of the Normal Spectrum*[J]. Verhandl. Dtsch. phys. Ges., 1900(2):237.

[02]　EINSTEIN A. *Concerning an Heuristic Point of View Toward the Emission and Transformation of Light*[J/OL]. Ann. Phys., 1905(17):132-148[2020-06-01]. https://people.isy.liu.se/jalar/kurser/QF/references/Einstein1905b.pdf.

[03]　BOHR N. *On the Constitution of Atoms and Molecules*[J/OL]. Philosophical Magazine, 1913(26):1-25, 476-502, 857-875[2020-06-01]. http://web.ihep.su/dbserv/compas/src/bohr13/eng.pdf.

[04]　DE BROGLIE L. *Recherches sur la théorie des quanta (Researches on the Quantum Theory)* [M]. Paris: Thesis, 1924.

[05]　埃克特・阿諾爾德・索末菲傳：原子物理學家與文化信使 [M]・方在慶，何鈞，譯，長沙：湖南科學技術出版社，2018.

[06]　海森堡・原子物理學的發展和社會 [M]・馬名駒，等譯・北京：中國社會科學出版社，1985.

[07]　王正行 · 海森堡開天闢地闖新路，玻恩慧眼識珠定乾坤 [J] · 物理，2015, 44(11):754.

[08]　PAULI W. *General Principles of Quantum Mechanics*[M]. Berlin: Springer-Verlag, 1980.

[09]　包立 · 包立物理學講義（5）· 波動力學 [M] · 洪銘熙，苑之方，譯 · 北京：人民教育出版社，1982.

[10]　SCHRÖDINGER. *An Undulatory Theory of the Mechanics of Atoms and Molecules*[J]. Physical Review, 1926, 28(6):1049-1070.

[11]　薛丁格 · 薛丁格講演錄 [M] · 范岱年，胡新和，譯 · 北京：北京大學出版社，2007.

[12]　玻恩，愛因斯坦 · 玻恩 - 愛因斯坦書信集（1916-1955）[M] · 范岱年，譯 · 上海：上海科技教育出版社，2010.

[13]　BORN M. *My Life, Recollections of a Nobel Laureate*[M]. New York: Charles Scribner's Sons, 1978.

[14]　玻恩，黃昆 · 晶格動力學理論 [M] · 葛唯錕，賈唯義，譯 · 北京：北京大學出版社，2011.

[15]　寧平治 · 楊振寧演講集 [M] · 天津：南開大學出版社，1989.

[16]　楊振寧 · 美與物理學 [EB/OL] · [2020-06-01]. http://www.cuhk.edu.hk/ics/21c/issue/articles/040_970201.pdf.

[17]　DIRAC P. *The Principles of Quantum Mechanics*[M]. Oxford: Oxford University Press, 1958.

[18]　張天蓉 · 狄拉克追求的數學美 [EB/OL] · 科普中國，(2016-11-

29)[2020-06-01]. http://www.kepuchina.cn/kpcs/ydt/kxyl1/201611/
t20161129_48078.shtml.

[19] KRAGH H. Dirac: *A Scientific Biography*[M]. Cambridge: Cambridge
University Press, 1990.

[20] MEHRA J. *The Solvay Conferences on Physics: Aspects of the Develop-
ment of Physics Since 1911*[M]. Dordrecht: D. Reidel Publishing Com-
pany, 1976.

[21] 張天蓉 · 世紀幽靈：走近量子糾纏 [M] · 合肥：中國科技大學出版
社，2013.

[22] 范岱年，趙中立，許良英 · 愛因斯坦文集：第二卷 [M] · 北京：商
務印書館，1977.

[23] 居里夫人自傳 [M] · 陳筱卿，譯 · 武漢：長江文藝出版社，2019.

[24] 張天蓉 · 電子，電子！誰來拯救摩爾定律 [M] · 北京：清華大學出
版社，2014:41-60.

[25] 維 基 百 科 · 穿 隧 效 應 [EB/OL] · [2020-06-01]. https://zh.wiki-
pedia.org/wiki/%E9%87%8F%E5%AD%90%E7%A9%B-
F%E9%9A%A7%E6%95%88%E6%87%89.

[26] EINSTEIN A, PODOLSKY B, ROSEN N. *Can Quantum Mechanics
description of physical reality be considered complete?* [J]. Phys. Rev.,
1935(47):777.

[27] 張天蓉 · 量子迷霧：都是波函數惹的禍！ [EB/OL] · [2020-06-01].
http://blog.sciencenet.cn/blog-677221-1075843.html.

[28] NEUMANN J. *Mathematical Foundations of Quantum Mechanics*[M]. Berlin:Springer-Verlag, 1955.

[29] 張天蓉 · 愛因斯坦與萬物之理：統一路上人和事 [M] · 北京：清華大學出版社，2016:124.

[30] 夏建白，葛唯昆，常凱 · 半導體自旋電子學 [M] · 北京：科學出版社，2008.

[31] 張天蓉 · 走近量子糾纏系列之五　貝爾不等式 [J] · 物理，2015, 44(1):44-46.

[32] 費曼，萊頓 · 走近費曼叢書 [M] · 王祖哲，秦克誠，周國榮等譯 · 長沙：湖南科學技術出版社，2005.

[33] 張天蓉 · 數學物理趣談：從無窮小開始 [M] · 北京：科學出版社，2015:124.

[34] 張天蓉 · 極簡量子力學 [M] · 北京：中信出版社，2019:30-50.

[35] 惠勒 · 延遲選擇實驗 [M] // 惠勒 · 物理學和質樸性 · 方勵之，譯 · 合肥：安徽科學技術出版社，1982.

[36] 惠勒 · 物理學和質樸性 [M] · 方勵之，譯 · 合肥：安徽科學技術出版社，1982.

[37] 虞涵棋 · 萬人挑戰量子物理全球大實驗結果出來了 [EB/OL] · 科 學 網 · (2018-05-10)[2020-06-01]. http://news.sciencenet.cn/html-news/2018/5/411790.shtm.

[38] WEINBERG S. *The Trouble with Quantum Mechanics*[EB/OL]. (2017-01-19)[2020-06-01]. http://www.nybooks.com/articles/2017/01/19/trouble-with-quantum-mechanics/.

[39]　張天蓉．機率之本質：從主觀機率到量子貝葉斯．《知識分子》微信公眾號：The-Intellectual, 2017, 7.

[40]　張天蓉．從擲骰子到阿爾法狗：趣談機率 [M]．北京：清華大學出版社，2018:114.

[41]　JOHN C, KOCHEN S. *The Free Will Theorem*[J]. Foundations of Physics, 2006, 36(10):1441.

[42]　JOHN C, KOCHEN S. *The Strong Free Will Theorem*[J]. Notices of the AMS, 2009, 56(2):226-232.

[43]　KOCHEN S, SPECKER E P. *The problem ofHidden Variablesin Quantum Mechanics*[J]. Journal of Mathematics and Mechanics, 1967, 17(1):59-87.

附錄　量子大事記

1687 年，艾薩克‧牛頓建立經典力學。

1807 年，托馬斯‧楊提出楊氏雙縫實驗。

1864 年，詹姆斯‧馬克士威建立電磁理論。

1900 年，馬克斯‧普朗克解決黑體輻射問題，發現普朗克常數。

1905 年，阿爾伯特‧愛因斯坦解釋光電效應，提出光量子理論。

1913 年，尼爾斯‧波耳提出波耳原子模型。

1923 年，阿瑟‧康普頓完成 X 射線散射實驗，證實光的粒子性。

1923 年，路易‧德布羅意提出物質波。

1924 年，玻色寄給愛因斯坦自己的論文，提出玻色 - 愛因斯坦統計。

1925 年，維爾納‧海森堡、馬克斯‧玻恩、約爾旦建立矩陣力學。

1925 年，沃夫岡‧包立提出包立不相容原理。

1925 年，狄拉克提出 q 數。

1925 年，烏倫貝克和古德斯米特提出電子自旋。

1926 年，埃爾溫‧薛丁格建立薛丁格方程式。

1926 年，波動力學和矩陣力學被證明等價。

1926 年，玻恩提出波函數的機率解釋。

1926 年，恩里科‧費米提出費米 - 狄拉克統計。

1927 年，海森堡提出不確定性原理。

1927 年，科莫會議和第五次索爾維會議召開，互補原理成型。

1927 年，柯林頓‧戴維孫和雷斯特‧革末發現電子繞射現象，證實了電子的波動性。

1927 年，喬治‧湯姆森發現電子繞射現象證實了電子的波動性。

1928 年，狄拉克建立相對論的量子力學方程式，即狄拉克方程式。

1928 年，喬治‧伽莫夫用量子穿隧效應解釋原子核的阿爾法衰變。

1930 年，第六次索爾維會議召開，愛因斯坦提出光箱實驗。

1932 年，馮紐曼建立量子力學的數學基礎。

1932 年，戴維‧安德森在宇宙射線實驗中發現正電子，證實了狄拉克的預言。

1932 年，查兌克發現中子。

1935 年，愛因斯坦、鮑里斯‧波多爾斯基和羅森提出 EPR 佯謬。

1942 年，美國原子彈研究的曼哈頓工程開始。

1945 年，第一顆原子彈在新墨西哥州的沙漠中試爆成功。

1947 年，威廉‧肖克利發明電晶體。

1948 年，理查‧費曼提出量子力學的路徑積分表述。

1958 年，勞勃‧諾伊斯、傑克‧基爾比分別發明了積體電路。

1960 年，西奧多‧梅曼製成了世界上第一臺雷射器。

1961 年，克勞斯‧約恩松用雙縫實驗來檢測電子的物理行為，發現

電子干涉現象。

1964 年，約翰‧貝爾提出貝爾不等式。

1972 年，約翰‧克勞澤和斯圖爾特‧弗里德曼（Stuart Freedman, 1944-2012）完成第一次貝爾定理實驗。

1957 年，休‧艾弗雷特提出量子力學的多世界詮釋。

1979 年，約翰‧惠勒提出延遲選擇實驗。

1981 年，理查‧費曼提出用電腦模擬量子物理，打開量子計算大門。

1982 年，史庫里提出量子擦除實驗的設想。

1982 年，阿蘭‧阿斯佩等人成功地完善了貝爾定理實驗的部分主要漏洞。

1993 年，班尼特等人提出量子隱形傳態理論。

1994 年，彼得‧秀爾提出量子質因數分解算法。

1995 年，玻色 - 愛因斯坦凝聚體在實驗室實現。

1996 年，洛夫‧格羅弗（Lov Grover, 1961-）提出量子演算法。

1998 年，安東‧蔡林格（Anton Zeilinger, 1945-）等人完成貝爾定理實驗，據說徹底排除了定域性漏洞。

2003 年，美國國防高等研究計劃署（DARPA）建立第一個量子密鑰分發保密通訊網路。

2004 年，美國麻薩諸塞州正式運行世界上第一個量子密碼通訊網路。

2007 年，美國實現了兩個獨立原子量子糾纏和遠距離量子通訊。

2009 年，DARPA 和洛斯阿拉莫斯國家實驗室分別建成兩個多節點量

子通訊網際網路。

　　2011 年，加拿大的 D-Wave 公司發布了「全球第一款商用型量子電腦」，含有 128 量子位元。

　　2013 年，Google 和美國國家航空暨太空總署（NASA）在加利福尼亞州的量子人工智慧實驗室發布 D-Wave Two。

　　2015 年，IBM 開發出四量子位元型電路，成為未來 10 年量子電腦基礎。

　　2016 年，美國國家航空暨太空總署（NASA）用城市光纖網路實現量子遠距傳輸。

　　2016 年，來自全球的幾個研究團隊設計並參與了「大貝爾實驗」。

　　2016 年，美國馬里蘭大學學院市分校發明世界上第一臺可編程量子電腦。

　　2016 年，中國發射量子通訊衛星「墨子號」。

　　2017 年，美國研究人員宣布完成 51 量子位元的量子電腦模擬器。

　　2018 年，英特爾（Intel）公司宣布開發出新款量子晶片。

　　2018 年，Google 發布包含 72 量子位元的量子計算晶片。

後記

　　迄今為止已有 100 多年歷史的量子力學，不愧是科學史上的一座豐碑。即使對量子力學的詮釋還有若干問題尚存，也掩蓋不了幾代物理學家前仆後繼的貢獻和成果。本書對開創時期的人物著墨更多一些，因為那是一個蓬勃發展、英雄輩出的時代。但即便如此，也只能蜻蜓點水式地畫上幾筆粗線條，寫不完、道不盡科學家們在崎嶇科學路上披荊斬棘、辛勤攀登得到的成果和心路歷程。

　　1920 年代開始，量子力學創立後不久，量子場論的框架便逐步形成。之後又在場論的基礎上發展了粒子物理、標準模型、超弦理論等。此外，固體物理及凝聚態物理的研究和發展，以及近年來量子電腦和量子通訊的研究，既是量子力學的應用，也反過來促進和推動量子理論的完善和進步。這其中有大批的人物和大事可記可寫，也應屬於量子物理史話的領域，但我們並沒有將這些內容完全包括到本書中，特此說明。

量子奇點，物理學發展的黃金時代：
波茲曼分布、波耳模型、伽莫夫穿隧效應、貝爾不等式……科學理論的較量與傳承，跨世紀精采呈現！

作　　者：張天蓉
發 行 人：黃振庭
出 版 者：崧燁文化事業有限公司
發 行 者：崧燁文化事業有限公司
E-mail：sonbookservice@gmail.com
粉 絲 頁：https://www.facebook.com/
　　　　　sonbookss/
網　　址：https://sonbook.net/
地　　址：台北市中正區重慶南路一段六十一號八
　　　　　樓 815 室
Rm. 815, 8F., No.61, Sec. 1, Chongqing S. Rd.,
Zhongzheng Dist., Taipei City 100, Taiwan
電　　話：(02)2370-3310
傳　　真：(02)2388-1990
印　　刷：京峯數位服務有限公司
律師顧問：廣華律師事務所 張珮琦律師

定　　價：330 元
發行日期：2023 年 10 月第一版
◎本書以 POD 印製

國家圖書館出版品預行編目資料

量子奇點，物理學發展的黃金時
代：波茲曼分布、波耳模型、伽莫
夫穿隧效應、貝爾不等式……科學
理論的較量與傳承，跨世紀精采
呈現！/ 張天蓉 著 . -- 第一版 . --
臺北市：崧燁文化事業有限公司，
2023.10
面；　公分
POD 版
ISBN 978-626-357-717-6(平裝)
1.CST: 量子力學 2.CST: 歷史
331.309　112015730

電子書購買

臉書

爽讀 APP